INDUSTRIAL VENTILATION TECHNOLOGY

산업환기기술

최태열 이석용 송석한 남현대 박만호 김덕수 김영성 공저

지오북스

머리말

산업화는 필연적으로 약품사용량 및 종류를 증가시키며. 유독가스, 유기용제 등 첨단산업화는 많은 직업병을 유발시키고 있다. 산업혁명이 진행되면서 제품의 생산을 중심에 두었던 것이 현재는 인류의 편안함과 안락한 공간 중심으로 진행되고 있으며 많은 연구보고서 등에 의하면 깨끗한 작업공간은 제품의 생산능력과 제품의 양질화에 도움이 되며 기업차원에서도 불량률이 낮아지고 매출에도 도움이 되는 것으로 알려져 있다.

작업현장에서 역시 가스의 정체는 안전사고 등을 유발하게 되며 심지어 부적절한 환기는 공장의 폭발사고로도 이어지는 경우가 있으며 국소배기의 부적절은 제품에 직접적인 영향을 미친다. 예를 들면 배터리, 도자기, 벽돌, 반도체, 식품공장 등은 생산라인 내의 적절한 음압의 관리가 제품과 직결되어 있으며 음압의 관리가 되지 않으면 제품의 불량 및 안전사고로 큰 피해를 주게 된다.

이처럼 적절한 환기는 단순히 보건차원뿐만이 아니고 안전, 생산성에서 중요한 역할을 하고 있지만 인지도에서는 부족한 상태로 많은 홍보와 계몽, 교육이 필요한 상태이며 최근 여러 사업장에서 가스 누출 사고의 발생, 근로자의 직업병으로 곤란을 겪고 있는 것도 사실이다.

본 서는 산업환기의 필요성 및 적용 방법, 설계방법을 중심으로 정리했으며 산업현장에서 오랜 경험자들과 공동 연구로 체험한 부분을 살려 수록하였다. 초판인 관계로 미흡한 부분이 있을 것으로 생각되며 부족한 부분은 강의와 실무 연구를 통해 보완해 갈 계획이다. 본 서적의 집필이 완성되는데 자료협조와 정보를 아낌없이 제공해주신 공동저자님들께 감사를 드린다.

끝으로 본 서적 발행에 적극 도움을 주신 지우북스 서철종 대표님께, 편집에 노고를 아끼지 않은 김우진 실장, 최다은 님께도 감사드린다. 학교 공부에 바쁜 중에 교정과 그림에 도움을 준 아들 의현 군에게 감사를 표한다.

대표저자 최태열 드림

차 례

CONENTS

부록

CHAPTER

01

기초이론

CONTENTS

SECTION 01 | 개요

대기오염의 심각성을 예측하고 본격적으로 접근한 것은 1900년대 초반인 약 100여년 전으로 알려져 있으며 그 전은 식량난 극복과 산업화의 우선으로 인해 환경에 관련은 인식이 거의 안 된 상태였다. 대기오염의 피해 사례로는 일본 등 각국의 사례가 있지만 대표적으로는 1950년경 로스앤젤레스 스모그와 런던 스모그가 피해가 가장 큰 예이다. 스모그(smoke + fog = smog)라는 용어를 처음 사용한 것도 1905년 영국의 공중위생 회의에서이다. 현재는 대기오염이 인류에게 심각한 피해를 입히고 대기오염은 인류의 생활과 너무 밀접한 관계에 있음을 대부분 인식한다. 음식물을 섭취하지 않고 며칠을 견딜 수 있지만 신선한 공기 없이는 단 몇 분도 견디기 어렵다는 것은 평범하면서 중요한 진리이다. 그럼에도 공기에 대해서는 항상 무한정 존재할 것으로 생각하고 있다. 중금속을 포함한 대기오염물질(먼지, SO_2, NO_2 등)을 함유한 공기는 인류의 삶에 치명적으로 건강을 해친다는 것을 인지하지 못하는 경우가 많다. 특히 미세먼지(PM 2.5)의 피해 심각성은 중요시되어 가고 있는 반면에 아직도 작업환경 및 실내공기질의 중요성은 심각하게 받아들이지 않는 실정이다.

이런 대기오염물질은 자연적인 배출과 인위적인 배출로 분류하여 생각할 수 있다. 자연적인 배출이라면 화산폭발, 해염의 배출, 산불 등 다양하며 인위적인 배출은 인간의 삶 속에서 배출되는 것으로 일반적인 주거생활과 산업현장으로 분류할 수 있다. 본서에서는 산업현장에서 배출되는 대기오염물질 및 이로 인해 야기되는 실내공기질의 영향과 건강, 환기의 중요성을 알고 방법을 설명하고자 하며 사전 공기의 특성 및 기초를 알고자 한다.

SECTION 02 | 밀도, 비중량, 비중, 비체적

1 밀도(Density) : 단위체적당 물질(유체)의 질량

ρ (밀도) = 질량 ÷ 부피

단위 : g/cm^3, kg/m^3

표준상태에서 공기의 밀도는 $1.3kg/m^3$, 물의 밀도는 $1.000kg/m^3$

– 밀도는 진 밀도(True density)와 겉보기 밀도(Bulk density)로 이는 공극율에 의해 달라지며 산업위생과 환경에서는 겉보기 밀도를 사용한다.

– 겉보기 밀도=진 밀도×(1−공극률)

문제 어떤 금속성 먼지의 진 밀도가 $6,500kg/m^3$ 공극율이 90%라면 겉보기 밀도는 얼마인가?

풀이 겉보기 밀도=진 밀도×(1−0.9)

$= 6,500kg/m^3 \times (1-0.9) = 650kg/m^3$

* 공기의 질량은 작은 값으로 무시한다.

2 비중량(Specific Weight) : 단위체적당 물질(유체)의 중량

γ (비중량) = 중량 ÷ 부피

단위 : gf/cm^3, kgf/m^3

표준상태에서 공기의 밀도는 $1.3kgf/m^3$, 물의 밀도는 $1.000kgf/m^3$, 중력가속도의 영향을 받는 영역에서는 1kg의 질량이 작용하는 힘을 1kgf이라 하고 이는 9.8N이다.

$1kg \times 9.8m/sec^2 = 9.8kg\ m/sec^2 = 9.8N$

$1kgf = 9.8N$

3 비중(Specific Gravity) : 비교 중량

S(비중) = 상대물질의 밀도(비중량) ÷ 표준물질의 밀도(비중량)

단위 : 무차원

표준물질의 경우 상대물질이 액체, 고체인 경우, 표준상태에서 물을 적용하고 기체의 경우에는 표준상태의 공기를 표준물질로 한다.

문제 어떤 고체상 물질의 비중이 2.5라면 그 물질의 밀도는 얼마가 되는가?

풀이 S(비중) = 상대 물질의 밀도(비중량) ÷ 표준물질의 밀도(비중량)

상대 물질의 밀도(비중량) = S(비중) × 표준물질의 밀도(비중량)

= 2.5 × 1,000kg/m^3(물) = 2,500kg/m^3

4 비체적(Specific Volume) : 단위체적당 물질(유체)의 질량

Vs(비체적) = 부피 ÷ 질량

단위 : cm^3/g, m^3/kg

문제 표준상태의 공기의 비체적은 얼마인가?

풀이 비체적 = 1 ÷ 1.3kg/m^3 = 0.77m^3/kg

= 22.4Sm^3 ÷ 29kg = 0.77m^3/kg

SECTION 03 | 공기의 조성과 대류권

지구를 감싸고 있는 기층은 온도변화와 공기의 조성에 의해 대류권, 성층권, 중간권, 열권으로 분류되며, 일반적으로 정의되고 적용되는 공기층은 지표면에서 약 10km 이내인 대류권에서의 정의를 의미한다. 공기의 조성은 표 [1-1]과 같으며 N_2, O_2가 주성분으로 비율은 78 : 21 V%로 되어 있다. 그러나 5~6억 년 전에는 대기 중에 산소농도가 38~50%였다는 내용이 북극의 빙하를 분석한 결과 나타나 있으며 더욱 충격적인 사실은 1년에 1/100,000포인트%씩 감소하고 있는 것이다. 산소의 감소는 곧 CO_2의 증가를 의미한다. 현재 대류권에서의 공기의 조성은 다음의 표와 같으며 공기의 밀도는 약 1.3 kg/m^3로 예측되며 상용하고 있다.

[표 1-1] **대기 중 공기 조성**

성분	농도
N_2	78.084 V%, 76 W%
O_2	20.946 V%, 23 W%
Ar	0.934 V%
CO_2	0.035 V%
Ne	18.18 ppm
He	5.24 ppm
Kr	1.14 ppm
기타	소량

공기의 조성은 균질층 즉, 중간권 이하는 동일한 조성을 갖지만 열권에서는 이질층으로 동일한 조성을 갖지 않는다. 공기의 조성과 고도에 따른 특징을 이해하는 것은 대기오염방지기술과 대기오염을 이해하는데 중요한 내용이다. 지표면으로부터 수직 고도에 따라 다른 성질을 갖고 있다.

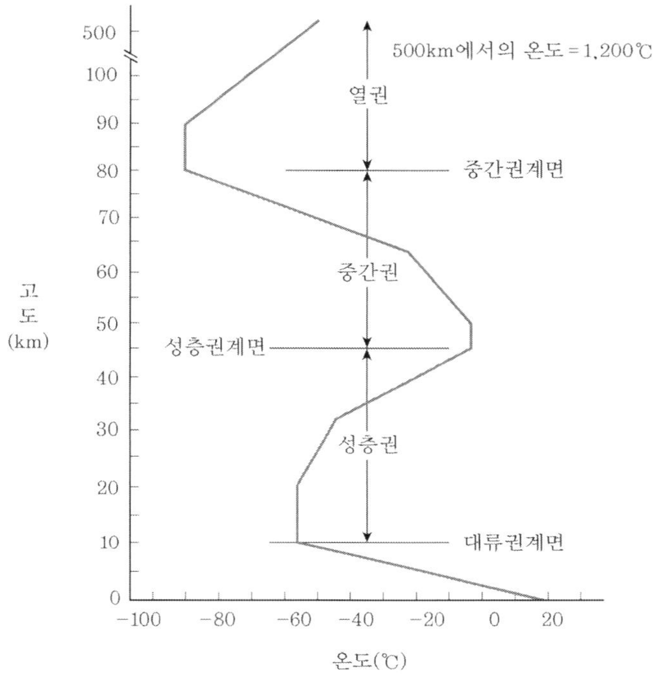

[그림 1-1] **대기권 조성**

수직 고도에 따라 대류권(troposphere), 성층권(stratosphere), 중간권(mesosphere), 열권(thermosphere)으로 분리되며 대류권과, 성층권, 중간권을 대기 조성이 일정하다는 정의로 균질층이라 하고 그 이상의 열권을 이질층이라 한다.

고도에 따른 분류는 온도변화에 의해 분리되며 대류권은 환경 기온 감율을 보이고 있으며 100m 상승할 때마다 0.98℃/100m 건조 단열 감율을 보인다. 대류권을 지나면 등온을 나타내다가 온도는 다시 상승하게 되며 이층을 성층권이라 한다. 성층권은 오존층이 약 300dobson 정도 자리하고 있어 자외선 단파장을 흡수함으로써 인류를 보호하고 있다. 성층권이 지나면 다시 온도는 하강하게 되는데 이 층을 중간권이라 하며 중간권을 지나면서 온도는 지속적으로 급상승하게 되어 수천℃ 이르게 되며 이 층을 뜨거운 층이라 하여 열권이라 한다.

인류가 생활하는 모든 기상적인 차원은 대류권(지표면에서 약 10km)과 성층권(오존층이 자리하고 있음)에서 이루어진다. 비가 오고 구름이 만들어지고 태풍이 오는 것도 지표면 위 약 2km 정도에서 이루어진다. 대류권의 지표면의 공기의 밀도는 $1.3kg/m^3$이며 5km 상승할 때마다 기압과 밀도는 1/2씩 감소한다.

문제 1 대류권 공기 조성 중 함량의 순서를 표시하시오.

풀이 $N_2 > O_2 > Ar > CO_2$

문제 2 다음은 대기권의 설명이다. 설명 중 틀린 것을 고르시오.

① 공기는 부피비율로 N_2 78 : O_2 21%로 구성되어 있다.
② 대기권은 고도와 조성에 따라 대류권, 성층권, 중간권, 열권으로 구성되어 있다.
③ 중간권 계면을 중심으로 이질층과 균질층으로 나누어진다.
④ 대류권은 기온 감율에 의해 고도가 높아지면서 온도는 하강하고 압력은 상승한다.

정답 ④

문제 3 대류권의 기온 감율을 정리하시오.

풀이 건조 단열 감율 : −0.98℃/100 m
습윤 단열 감율 : −0.5℃/100 m
환경 기온 감율 : −0.65℃/100 m

SECTION 04 | 공기(유체)의 특성

- Boyle－Charles의 법칙에 적용된다.
- 흐름의 속도에 따라 일정한 성질을 갖는다.
- 흐름에 있어서 압력을 갖고 있으며 전압, 정압, 동압으로 분류된다.
- 점도를 갖고 있다.
- 베르누이 정리에 적용을 받는다.
- 온도와 압력에 따른 각각의 다른 성질을 갖는다.
- 이상기체로 간주한다.
- Reynolds number의 적용을 받는다.

1 BOYLE－CHARLES의 법칙

본 원리는 보일러, 소각의 연소 가스량, 발전소, 용해로 등의 산정과 일반적인 송풍량의 관계에서 온도차이가 있는 경우에 필수적으로 적용되는 원리로 기체의 부피(volume)는 액체와는 달리 온도와 압력에 따라 일정한 규칙에 의해 변화된다는 것을 각각 BOYLE－CHARLES의 실험에 의해 규명되었다. 일반적으로 화공플랜트에서는 BOYLE의 법칙이 상용으로 적용되고 환경대기 및 산업환기에서는, 압력은 미압으로 무시하고 일반적으로 대기압으로 CHARLES의 법칙을 적용하는 예가 흔하다. 압력이 커지면 부피가 감소하고 압력이 작아지면 부피는 증가한다. 또한 부피와 온도는 서로 비례관계에 있는 것을 의미한다. 이런 예는 주변에서 많이 볼 수 있다. 겨울철에 고무공의 부피가 작아지고, 냉장고에 마시고 남긴 PET병이 쭈그러들고 밖에 내놓으면 팽창하는 것도 한 예이다.

$$VP/T = ViPi/Ti \quad \text{(식 1.1)}$$

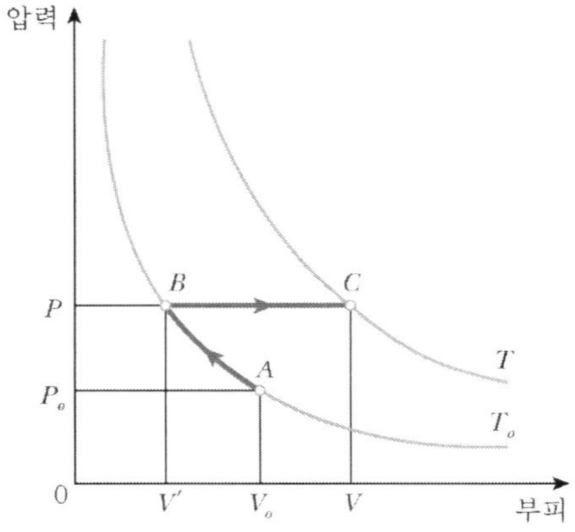

(1) BOYLE의 법칙

1662년 영국의 R.보일이 실험을 통하여 발견하였고, 또 1676년 E.마리오트도 독자적으로 발견하였기 때문에, 유럽에서는 보일－마리오트의 법칙이라고도 한다. 이 원리는 온도가 일정할 때 부피와 압력은 반비례한다.

$$VP = Vi\,Pi \tag{식 1.2}$$

(2) CHARLES의 법칙

압력이 일정할 때 부피와 온도는 비례한다.

$$(V/T) = (Vi/Ti) \tag{식 1.3}$$

(3) BOYLE－CHARLES의 법칙에 의한 밀도의 변화

밀도의 단위는 단위체적당 질량(예 : kg/m^3)으로 질량은 불변이고 체적이 변하게 된다. 따라서 단위체적에 1이 생략된 것으로 1 m^3를 BOYLE－CHARLES의 법칙으로 변환 후에 환산을 하는 방법으로 가능하다.

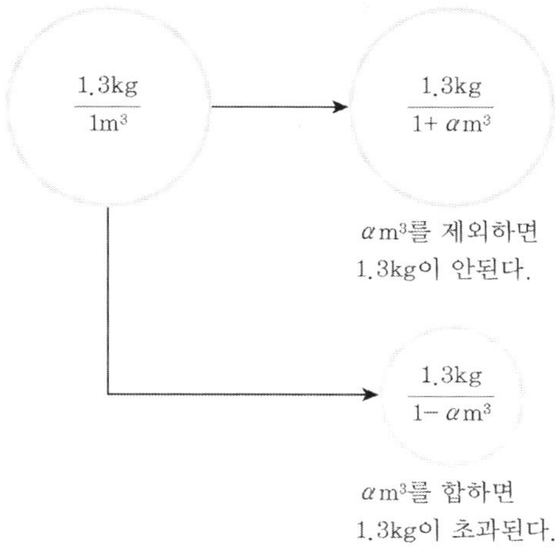

∴ 온도를 상승시키면 밀도가 작아지고 온도를 낮추면 밀도가 커진다.

[그림 1-2] **밀도와 부피**

문제 1 공기 0℃ 760mmHg에서 공기밀도가 1.3kg/m³인 경우, 30℃ 740mmHg로 변화시키면 밀도는 얼마가 되는가?(핵심 : 질량은 변하지 않고 부피만 변한다)

풀이 $\left(\frac{VP}{T}\right)=\left(\frac{V1\,P1}{T1}\right)$

$\left(\frac{1\text{m}^3\times 760\text{mmHg}}{273℃}\right)=\left(\frac{V1\times 740\text{mmHg}}{303℃}\right)$

$V1 = 1.139\text{m}^3$

밀도 : $1.3\text{kg}/(\text{m}^3\times 1.139\text{m}^3/1\text{m}^3) = 1.14\text{kg/m}^3$

문제 2 0℃, 760mmHg에서 부피가 10m³인 것을 물리적인 힘을 가하여 30℃, 650mmHg로 조건으로 변경하면 부피는 몇 m³가 되는가?

풀이 $\left(\frac{VP}{T}\right)=\left(\frac{V1\,P1}{T1}\right)$

$\left(\frac{10\text{m}^3\times 760\text{mmHg}}{273℃}\right)=\left(\frac{V1\times 650\text{mmHg}}{303℃}\right)$

$V1=\left(\frac{303℃}{273℃}\right)\times\left(\frac{760\text{mmHg}}{650\text{mmHg}}\right)\times 10\text{m}^3 = 12.98\text{m}^3$

2 이상기체 상태방정식

보일－샤를의 법칙, 아보가드로의 법칙을 결합하여 유래한 방정식으로 기체가 1g의 분자량을 갖는다면 기체의 종류에 관계없이 mole기체상수는 종류별 극소량의 차이는 있지만 무시할 정도로 일정한 값을 갖는다. 이를 이상기체상수(universal gas constant)라 한다. 이상기체 수는 848kgf, m/k mole(0.082 ℓ.atm/mole, k)이다.

본 기체 수에서 모든 기체의 volume은 1mole은 22.4 L이고 1k mole은 22.4sm^{3}이 되며 유도식은 다음과 같다.

$$PV = nRT \quad \text{(식 1.4)}$$

P : 가스의 압력(표준상태로 간주하면 1atm)
V : 가스의 부피
n : 몰수
R : 이상기체 상수(0.082 L.atm /mole.k . 848 kgf.m/k mole . 8.314 J/mole.k . 1.987 cal/mole k)
1 J : 1 N m
T : 가스의 절대온도(표준상태로 간주하면 273 K)

$$\frac{[(0.082\text{L.atm/mole,k}) \times 273\text{k}]}{1\text{atm}} = 22.4\ \text{L/mole}$$

$$\frac{[(848\text{kgf,m/kmole}) \times 273\text{k}]}{10{,}336\text{kgf/m}^2} = 22.4\ \text{m}^3\text{/k mole}$$

표준상태에서 mole과 부피와의 관계를 정의하면 다음과 같다.

1 k.mole : 22.4 m^3

1 mole : 22.4 L

1 m.mole : 22.4 ml

표준상태를 나타내는 방법으로는 STP(standard temperature pressure)상태, 0℃ 1기압 상태로도 표기한다.

– 이상기체 상태방정식에 의한 밀도예측 : 이상기체 상태방정식 $PV = nRT$에 의해 밀도 (kg/m^3)의 예측이 가능하다.

$$\rho = \frac{m}{V} = \frac{mP}{RT}$$

$$V = \frac{RT}{P}$$

ρ : 밀도 kg/m^3
m : 질량 kg
P : 압력 atm
R : 이상기체 상수(0.082 L.atm /mole.k)
T : Kelvin온도℃

문제 이상기체 상태방정식에 의하면 0℃, 1atm조건에서 "22.4 m^3/k mole"이다. 온도가 50℃라면 1kmole은 몇 m^3이 되는지 이상기체 방적식으로 정리하시오.

풀이 $\frac{[(848kgf,m/kmole)\times 273k]}{10,336kgf/m^2} = 22.4\ m^3/k\ mole$

$\frac{[(848kgf,m/kmole)\times 323k]}{10,336kgf/m^2} = 26.5\ m^3/k\ mole$

3 Reynolds Number

관로를 통과하는 모든 물체를 유체라고 이르며 유체의 흐름 상태를 육안으로 확인하기는 쉽지 않고 확인이 가능할지라도 육안만으로는 정확한 예측이 불가능하다. 물론 액체와 분체는 어느 정도는 육안 확인이 가능한 경우도 있지만 기체의 경우는 확인이 전혀 불가능하다.

이 흐름의 상태를 유속과 유체의 종류 및 온도를 이용하여 판단하게 해주는 것이 레이놀드 수(Reynolds number)이며 흐름의 상태를 판단하게 하는 척도이다. 또는 유로(流路) 속에서의 유체흐름의 관성력(관성저항)과 점성력의 크기의 비를 알아보는 데 있어서 지표가 되는 무차원수이다. 유체의 종류는 크게 기체, 액체, 분체(고상)로 대별한다. 또한 레이놀드 수는 직관의 압력손실을 산정할 경우 손실계수로 활용된다.

$$\text{Rey},\ n = \lambda VD(\text{관성력})/\mu(\text{점성}) = VD/\nu \qquad (식\ 1.5)$$

λ : 공기, 액체, 분체의 밀도(kg/m³)

V : 유체의 속도(m/sec)

D : 기체, 액체는 관경, 분체는 입경(m)

μ : 점성계수(kg/m sec)

ν : 동점성계수(m²/sec)

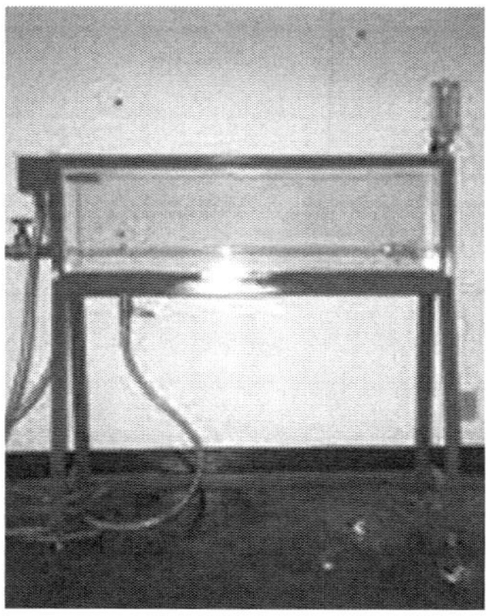

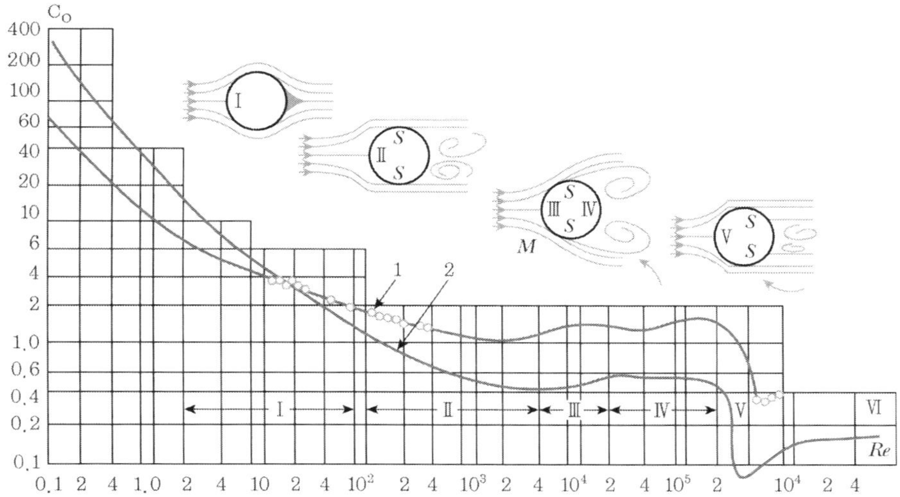

[그림 1-3] 레이놀드 실험

레이놀드 수는 상기 식에서 정리된 것처럼 액체, 분체, 기체로 분류하며 액체와 분체는 동일한 방법이고 기체와는 차이가 있다.

(1) 층류(laminar)

유체 관내를 느린 속도로 흐를 때는 소용돌이나 선회운동을 하지 않고 일사분란하게 유동한다.

Reyn ≤ 2,000(기체) Reyn ≤ 2(액체, 분체)

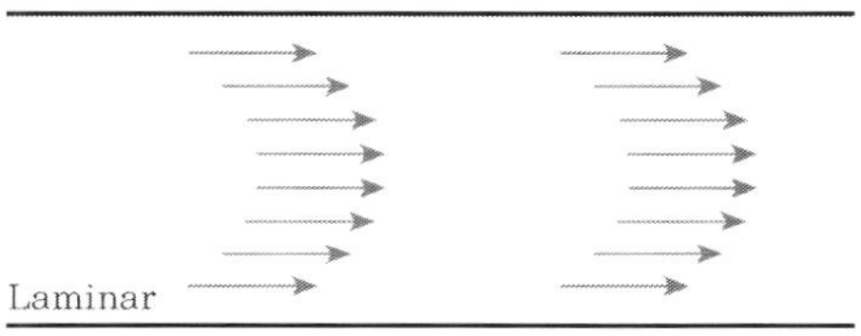

(2) 난류(turbulent)

유체의 속도가 빨라지면 소용돌이 운동을 수반하여 혼합 상태에 이르는 영역

Reyn ≥ 2,500(기체) Reyn ≥ 500(액체, 분체)

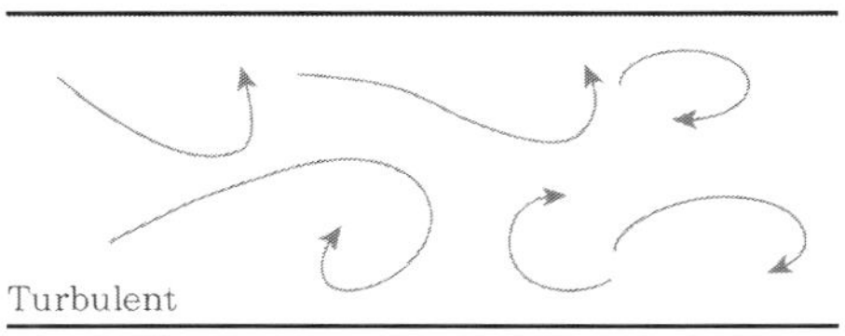

(3) 천이류

층류와 난류 사이로 순간적으로 넘어가는 단계로 이론상으로는 존재하지만 실제는 거의 존재하지 않는 영역이다.

문제 100 mm의 원형 duct를 통해 공기(0℃, 1기압)가 15 m/sec로 흐르고 있다. Reynold, n은 얼마인가?(공기의 점성계수는 0.001 cp이다)

풀이 Rey,n = λVD(관성력)/μ(점성)

λ : 유체 밀도(1.3 kg/m^3)

V : 유체흐름(15 m/sec)

D : 관경(0.1 m)

μ : 점성계수(0.001×10^{-3}) kg/m. sec

Rey,n = $\frac{(1.3\text{kg/m}^3 \times 15\text{m/sec} \times 0.1\text{m})}{0.001 \times 10^{-3}\text{kg/m.sec}}$ = 1,950,000(난류)

4 점성

(1) 개념

점성의 반대되는 성질을 유동성이라 하며 이는 어떤 물질이 잘 흐르는 정도를 나타내는 것이다. 대부분의 유체에 대하여 흐름을 일으키는 동일 방향의 응력은 변형률에 비례하며 이 일정한 값(상수)을 점성도라고 한다.

액체의 점성도는 온도가 올라가면 급속히 감소하고, 반대로 기체의 점성도는 온도가 올라가면 증가한다. 그러므로 열을 가하면 액체의 유동속도는 빨라지지만 기체의 유동속도는 더 늦어진다. 점성도의 크기는 힘에 단위면적당 시간을 곱한 값이다.

따라서 점성의 단위는 N · s/m^2(kg m/sec)이다. 점성은 유동층 사이에 상대운동이 생길 때 상대운동을 방해하는 성질이다.

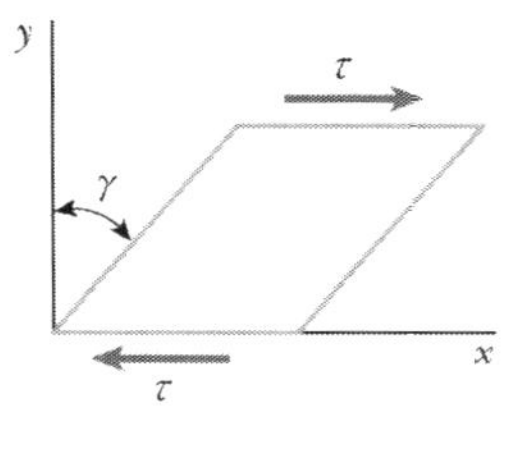

절대 점성계수 : $\mu = \frac{\tau}{\gamma}$

운동 점성계수 : $\nu = \frac{\mu}{\rho}$

$$전단응력의 크기(\tau) = \mu \cdot (dv/dy) \quad (식\ 1.6)$$

μ : 점성계수(kg/m · sec)
dv/dy : 속도구배

(2) 크기

① **공기(stp)** : 1.5×10^{-5} kg/m sec

1.5×10^{-4} g/cm sec(poise)

(1기압, 30℃) : 1.98×10^{-5} kg/m sec

(1기압, 100℃) : 2.10×10^{-5} kg/m sec

② **점도의 단위** : 1poise = 1g/cm sec = 0.1kg/m sec = 100cp(centi poise)

(3) 특징

기체는 온도가 상승함에 따라 점도도 상승하고 액체는 온도가 낮아지면 점도가 상승한다. 그 예로는 겨울철에 중질유를 사용하면 점도가 상승하여 굳어지므로 예열 후 사용 하는 것, 껌이 여름에는 부드럽지만 겨울에 딱딱해지는 현상, 여름철에 공기가 끈적거리는 현상 등을 들 수 있다. 물론 여름철의 공기가 끈적거리는 현상은 온도 외에 수분 함유량(절대습도)이 상승한 원인도 있다.

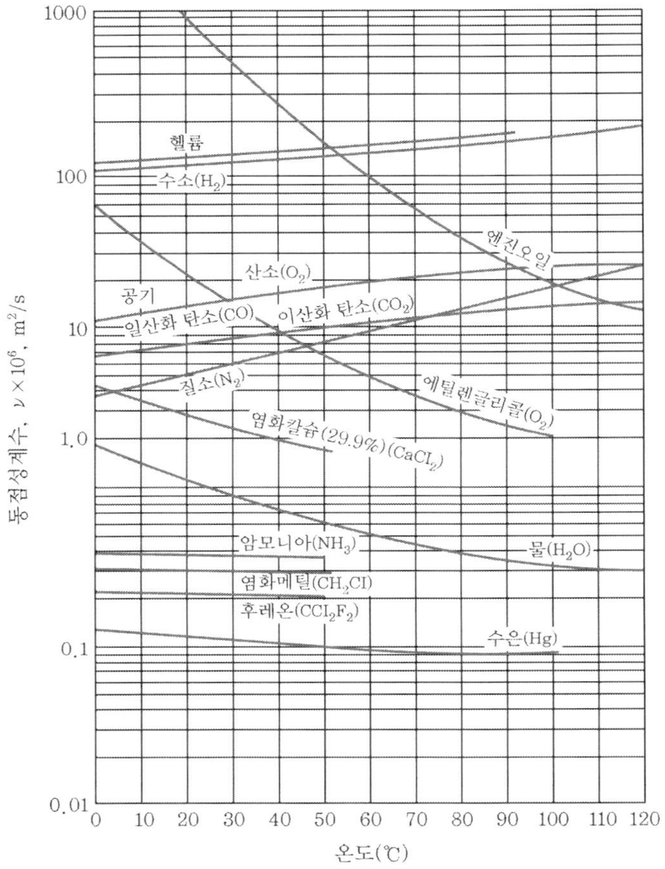

[그림 1-4] **점성계수**

(4) 동점성 계수(Kinematic Viscosity : ν)

점성계수를 밀도로 나눈 값으로 연료에서 주로 많이 사용하며

1stocks = 1cm^2/sec

1stocks = 100centi stocks

$\nu = \mu$(점성계수)/ρ(밀도)

$= kg/m\ sec \div kg/m^3 = m^2/sec$

문제 어떤 유체의 점성계수가 1.5 × 10^{-5} kg/m sec이다. 동일 유체의 밀도가 1.2 kg/m³이라면 동점성 계수는 몇 Cst인가?

풀이 $\nu = \mu$(점성계수)$/\rho$(밀도)
= kg/m sec ÷ kg/m³ = m²/sec
= (1.5×10^{-5} kg/m sec) ÷ 1.2 kg/m³ = 1.25×10^{-5} m²/sec
= 1.25×10^{-1} cm²/sec
= 1.25×10^{-1} stocks = 12.5Cst

5 베르누이(Bernoulli)정리

① 베르누이 방정식은 임의의 두 점이 같은 유선상에 있고 비압축성이며 비점성인 이상 유체가 정상 상태로 흐르는 조건에서 성립한다.

② 환기시설 내에서의 기류 흐름은 관내에 유동이며 유동은 압력 차이에 의해 발생되고 압력은 유체가 갖는 에너지를 의미한다.

③ 관내에서의 에너지의 총합은 에너지의 득실이 없다면 언제나 일정하며 에너지보존 법칙이 성립된다. 즉 전압은 어느부분에서나 일정하다.

④ 운동 에너지와 잠재 에너지는 변하여도 전체 에너지는 일정하다.

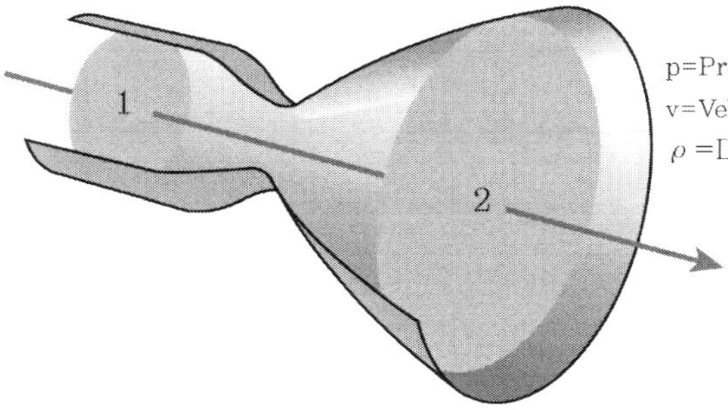

• 조건 : 점성이 없고 에너지의 변화가 없고 높이 변화가 거의 없는 조건(낮은 유속)

• 동일라인 : $P_s + P_v = P_t$

$$P_s + \frac{\rho V^2}{2} = P_t$$

$$\left(P_s + \frac{\rho V^2}{2}\right)_1 = \left(P_s + \frac{\rho V^2}{2}\right)_2$$

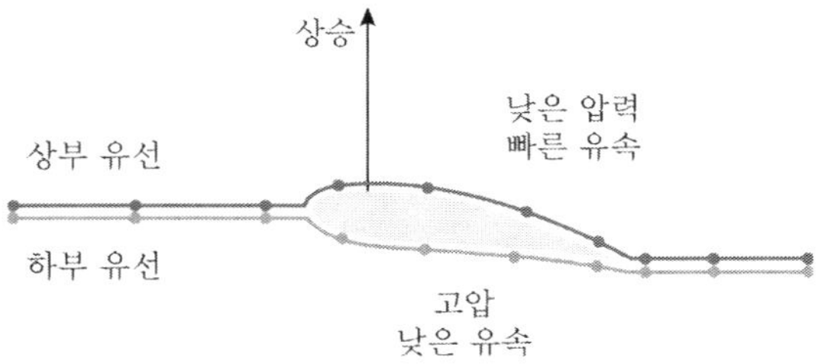

CHAPTER 02

환기기술

CONTENTS

SECTION 01 | 전체환기

1 개요

환기의 시작은 인류가 불을 사용하기 시작하면서부터 시작되었으며, 최초에 수렵 및 생식을 하던 시기에는 환기를 하지 않았으나 농경생활 및 불을 사용하기 시작하면서 환기는 시작되었다. 그 시기에는 환기라는 개념이 아니라 실내에서 불을 사용하면서 호흡곤란, 매연 등에 시달리면서 자연스럽게 밖으로 내보내는 단순 환기라고 할 수 있다.

역사적 근거로는 기원전 27세기경 고대 이집트에서 환기구를 설치했다는 보고가 있다. 이 경우는 온도차에 의한 부력을 이용한 것으로 수직형 단순 환기였으며 자연풍에 의한 수평형 환기를 적용한 사례도 있으며 1,500년경 레오나르도 다빈치가 환기팬을 고안했다는 보고도 있다.

당시의 환기의 목적은 덥고 습한 공기를 밖으로 내보내고, 실내에 불을 사용할 경우에 연기를 내보내는 목적이었을 것으로 판단된다. 현재는 온, 습도뿐만이 아니고 유해가스 및 미세먼지, 기타 중금속, 미생물로부터 피해를 예방하기 위해 사용되고 있으며 단순 환기만이 아니고 청정(무균, 무진)공간의 확보를 위해 사용된다. 또한 기술과 방법도 다양화되고 있다.

2 전체환기의 특성

용어의 사용은 다양하다, 희석환기(Dilution Ventilation), 일반배기(General Ventilation), 룸배기(Room Ventilation)라고도 칭한다. 통상적으로 희석환기는 국소배기만큼 제어하는 것은 불가능하다. 국소배기는 실내에 오염물질이 확산되지 않도록 원천적으로 봉쇄하는 것이고 전체환기는 일정농도가 존재하는 방식이다. 국소배기는 작업에 방해를 주는 경우가 있지만 전체배기는 사용 및 적용이 편리하다. 따라서 다음의 조건에서는 전체배기를 하는 것이 가능하다.

전체환기의 종류에는 기계식과 자연식이 있으며 기계식은 작업환경, 다중이용시설, 실내공기 중 특수한 경우(예 : 주방, 화장실)에 이용되고 자연식은 일반 실내공간에서 대부분 적용되고 있다.

(1) 전체배기의 가능 조건

- 오염발생원에서 발생량이 일정하고 소량이어서 국소배기의 필요성이 낮은 경우로 상시 폭로한계농도 이하로 유지되는 경우
- 오염발생원이 작업자로부터 멀리 떨어져 있어 피해가 없을 것으로 예상되는 경우
- 오염원이 산재해 있거나 이동식으로 국소배기가 어려울 것으로 판단되는 경우
- 작업 공정상 국소배기가 불가능한 경우(Hood가 있으면 작업이 어려운 경우)
- 국소배기를 설치했지만 독성이 높은 약품의 사용으로 인해 국소배기의 보완으로 활용할 경우

(2) 전체배기의 유념 사항

- 환기 시에 Dead space(환상 공간)가 발생하지 않도록 한다.
- 기계식으로 공기를 공급할 경우 사람이 느끼는 체감 속도(1m/sec) 이상으로 접촉하지 않도록 한다.
- 외부공기 유입 시 오염된 공기가 유입되지 않도록 한다.
- 정기적으로 실내공기를 측정하여 고용노동부의 기준인 폭로한계농도 이하 및 환경부 실내공기질 유지기준의 확인이 필요하다.
- 공기의 흐름 방향이 발생원으로부터 작업자를 통과하지 않도록 반대 방향으로 한다.
- 충만실을 사용하여 균일한 속도와 일정한 양을 공급하도록 한다.

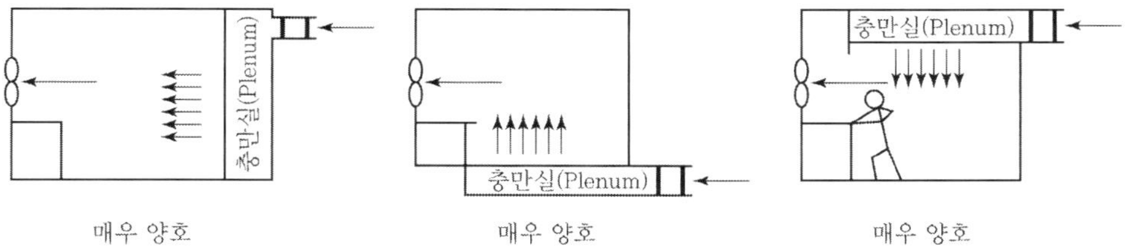

[그림 2-1] **환기구의 적부위치**

3 환기량 산출

(1) 재실자에 의한 오염 시 기적(용적) 환기

- 일본의 건축물 기준에 의하면 1인실 기준의 조건을 제시하고 있으며 인간이 답답함을 느끼지 않을 공간을 제시하고 있다.
- 실내 작업장에서 바닥면에서 4m 이상 높이의 공간에서는 4m 이상은 기적에서 제외한다.
- 기적은 $10m^3$ 이상으로 할 것
- 창의 면적은 바닥면적의 “1/20” 이상으로 할 것
- 기온이 10℃ 이하인 경우에는 공급 공기가 1m/sec 이상에 접하지 않도록 할 것(이는 불쾌감과 추위의 체감지수를 크게 한다)

(2) 발열 작업 시 필요 환기량

- 열원을 사용하는 작업 공간이 해당되며 기계실의 경우에도 압축기의 사용으로 열이 발생한다. 이런 경우에는 직접 열원을 사용하지 않아도 동절기를 제외하고는 작업자가 근무하기 곤란한 경우가 발생하게 된다.
- 환기량을 줄이기 위해서는 하절기에는 외부 공기 온도가 높으므로 Δt를 크게 하기 위해서 냉동, 냉장을 이용하게 된다.
- 방열량과 온도 control point에 의해 산정한다.

$$Q = Hs \div (\text{비열} \times \Delta t) \quad \text{(식 2.1)}$$

Q : 환기량(m^3/hr)
Hs : 실내 발열량(kcal/hr)
Δt : 실내와 실외(외기)의 온도차 ℃
비열 : $kcal/m^3℃$

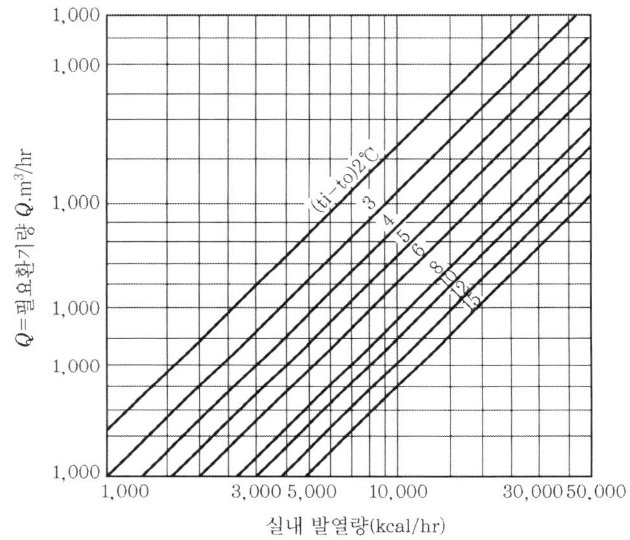

문제 실내 작업장에서 10,000kcal/hr 가 지속적으로 용해로에서 방열되고 있다. 최초의 실내온도는 25℃이고 외기는 동절기로 간주하고 평균 온도가 5℃라면 지속적인 25℃를 유지하기 위해 어느 정도의 환기가 필요한가?

풀이 $Q = Hs \div (\text{비열} \times \Delta t)$

Q : 환기량(m^3/hr)
Hs : 실내 발열량(kcal/hr)
Δt : 실내와 실외(외기)의 온도차 ℃
비열 : $0.24kcal/m^3℃$

$Q = 10,000kcal/hr \div (0.24kcal/m^3℃ \times 20℃)$
$= 2,083m^3/hr$

(3) 수분 발생 시 습도 유지에 관한 환기량

- 제지공장 및 물을 다량으로 사용하는 사업장 등이 주로 해당되며 하절기 수분이 많은 경우가 특히 문제가 된다. 환기량을 줄이는 방법은 외기의 공급공기에 제습장치를 한 후 주입하는 것이 효과적이다.
- 냄새(악취)의 경우에도 수분에 의한 환기량 방법으로 동일하게 산정한다.

$$Q = W \div (\rho a \times \Delta H)$$ (식 2.2)

Q : 환기량(m^3/hr)
W : 실내 수분 발생량(kg/hr)
ΔH : 실내와 실외(외기)의 수분 차이(kg/kg)
ρa : 수증기 밀도(kg/m^3)

문제 골판지를 생산하는 공장에 제품에 살수 과정에서 수분 증발량이 2,000kg/hr정도에 해당 된다. 최초 실내의 공기 중에 절대습도는 0.026kg/kg이고 외기는 상대습도 50%이면서 0.01kg/kg의 수분을 함유하고 있다. 단 수증기 밀도는 1.2kg/m^{3}이다.

풀이 $Q = W \div (\rho a \times \Delta H)$

Q : 환기량(m^3/hr)
W : 실내 수분 발생량(kg/hr)
ΔH : 실내와 실외(외기)의 수분 차이(kg/kg)
ρa : 수증기 밀도(kg/m^3)

$$Q = 2{,}000\text{kg/hr} \div (1.2\text{kg/m}^3 \times 0.016\text{kg/kg})$$
$$= 104{,}166\text{m}^3/\text{hr}$$

(4) 실내 생활공간에서 CO_2 제거를 목적으로 하는 경우의 환기량

CO 및 CO_2의 경우 동일한 방법으로 산출한다. 물론 다른 가스의 경우에도 동일한 방법으로 산정하면 되지만 허용농도의 차이가 있으므로 그 부분이 달라지고 다른 유독 가스의 경우는 전체배기가 아닌 국소배기를 하게 되므로 송풍량 산출 방법이 갖는 의미가 많지 않다.

$$Q = M \div (K_1 - K_2)$$

Q : 환기량(m^3/hr)
M : CO 및 CO_2 발생량(m^3/hr)
K_1 : CO 및 CO_2의 허용 농도(%)
K_2 : CO 및 CO_2의 외기 농도(%), CO_2의 경우 약 0.035%

문제 사우나 수면실에 인간의 호흡으로 인하여 CO_2 발생량이 300m^3/hr로 배출되고 있다. CO_2의 허용농도가 실내공기질 권고기준으로 0.2%라면 환기량은 얼마가 되는가?

풀이 $Q = M \div (K_1 - K_2)$

Q : 환기량(m^3/hr)
M : CO_2 발생량(m^3/hr)
K_1 : CO_2의 허용 농도(%)
K_2 : CO_2의 외기 농도(0.035%)

$$Q = 300m^3/hr \div (0.2\% - 0.035\%) = 1{,}819m^3/hr$$

(5) 환기 도표에 의해 용도별 환기량 산출

- 환기량 산출은 아래 표에 의해 산출이 가능하며 본 용도별 산출 방법은 수분, 열원, 악취, CO 및 CO_2의 산출 방법으로 평균화된 값을 표로 제시하고 있다.
- 환기 계수 이용법

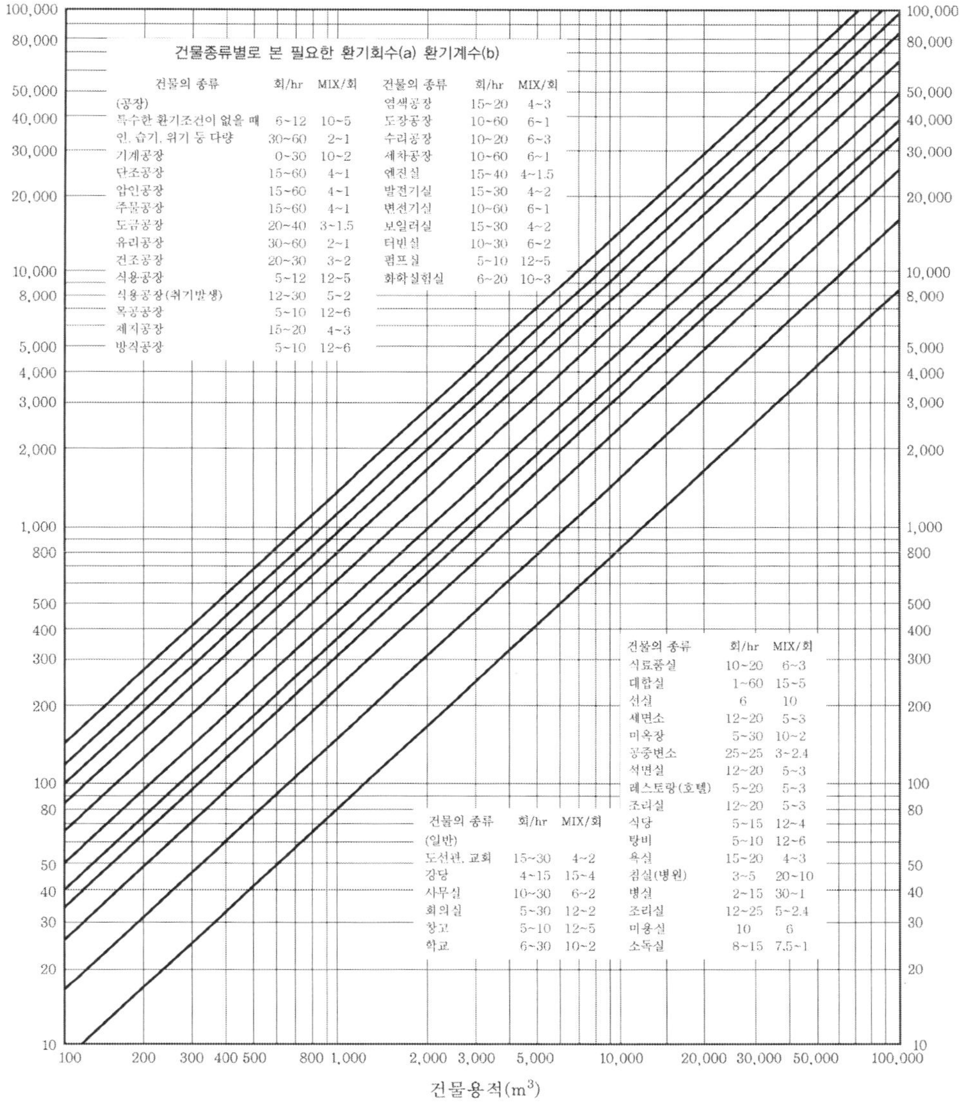

[그림 2-2] **소요 환기량 조견표**

[표 2-1] 필요 환기량

작업장	환기회수/hr	작업장	환기회수/hr	작업장	환기회수/hr
기계공장	10~15	식품공장	12~20	보일러실	20~60
주조공장	30~60	제분공장	6~12	창고	6~12
도금공장	15~30	인쇄공장	6~15	화장실	5~15
용접공장	15~20	방직공장	30~60	극장	8~20
염색공장	15~30	목공공장	15~20	식당	8~10
제지공장	15~30	발전소	20~30	조리실	20~30
자동차정비	10~15	변전소	30~50		

문제 건물의 용적이 W5m×L20m×H4m인 식품공장이 있다. 환기 조건표에 의하면 10~20회/hr로 되어 있으며 평균값인 15회/hr로 하려 한다. 환기량은 몇 m^3/min이 되는가?

풀이 $Q = V \times$ 환기회수 $\times (1\text{hr}/60\text{min})$

V : 5m×L20m×H4m = 400m^3
환기 회수 : 15회/hr

$Q = 400\text{m}^3 \times 15$회$/\text{hr} \times (1\text{hr}/60\text{min}) = 100\text{m}^3/\text{min}$

(6) 유기용제 사업장의 경우

유기용제의 경우에는 휘발성이 강하여 사용 약품의 전량이 실내로 기화되어 확산된다는 가정 하에 환기량을 산정하게 된다. 영국 단위와 MKS 단위는 동일한 방법으로 사용이 편리한 단위로 환산한 것이다.

① 영국 단위계에 의한 산출

$Q = (403 \times 10^6 \times SG \times ER)/(MW \times C)$

Q : CFM(exhaust volume)
SG : 증발가스의 비중
ER : 증발률(pts/min), 1pts=0.48L
MW : 분자량(mole/g)
C : TWA-TLV

② MKS 환산식

$Q = (10^6 \times W \times K \times F)/(MW \times C)$

Q : m^3/hr
10^6 : mg/kg
W : kg/hr
K : 안전 계수
F:ml/m mole
MW : mg/m mole
C : 폭로 한계 농도(ml/m^3)

③ 유기용제의 약식 산출 방법

유기용제의 구분	환기량(m^3/min)
1종	$Q = 0.3W$
2종	$Q = 0.04W$
3종	$Q = 0.01W$

Q : 1분당 환기량, W : 작업시간 1시간당 소비하는 유기용제의 양(g)

문제 1 1종 유기용제를 사업장에서 50g/hr를 사용한다. 환기량은 얼마 이상 필요한가?

풀이 $Q = 0.3W$

Q : 환기량(m^3/min)
W : 1시간당 소비하는 유기용제의 양(g)

$Q = 0.3 \times 50\text{g/hr} = 15\text{m}^3/\text{min}$

문제 2 분자량이 100g/mole이고 폭로 한계 허용 농도가 10ppm인 유기용제를 사용하는 사업장이다. TLV 이하를 항상 유지하기 위한 환기량은 몇 m^3/hr가 필요한가? 단 안전계수는 무시하고 사용량은 20kg/hr이다.

풀이 $Q = (10^6 \times W \times K \times F)/(MW \times C)$

Q : m^3/hr
10^6 : mg/kg
W : 20kg/hr
K : 안전 계수 1
F:22.4ml/m mole
MW : 100mg/m mole
C : 폭로 한계 농도(10ml/m^3)

$Q = (10^6\text{mg/kg} \times 20\text{kg/hr} \times 1 \times 22.4\text{ml/m mole})/(100\text{mg/m mole} \times 10\text{ml/m}^3)$
$= 448{,}000\text{m}^3/\text{hr}$

4 용액의 증발 실험

수분에 의한 환기량을 산정함에 있어서 수분의 증발량을 예측하는 것은 중요하다. JP Holman식에 의해 산출식은 알려져 있지만 필자는 실제 실험을 통해 알아보기로 하여 실험을 실시했으며 다음의 결과를 얻었다. 실험 결과의 분석은 용기의 공기층 공간 높이와 밀접한 관계가 있었으며 온도, 실내공간의 습도와 관계가 있는 것을 확인하였다.

[표 2-2] 실험 결과

구분	0시간	48시간	96시간	192시간	증발속도(m^3/m^2s)
①	300 ml	292.5 ml	282 ml	261 ml	1.87×10^{-8}
②	450 ml	440 ml	430 ml	410 ml	2.84×10^{-8}
③	100 ml	95 ml	90 ml	80 ml	1.42×10^{-8}

(1) 용액 증발 실험 결과

① 목적 : 증류수, 경유, 식용유, 엔진오일의 증발 속도를 보고자 한다.

② 실험방법

그림과 같이 Petri dish에 용액을 채우고, 시간에 따른 증발량을 각각 관찰하였으며, 실험 조건은 다음과 같다.

첫째, 단면적이 $0.00567m^2$인 Petri dish 에 용액을 10mm 높이로 채웠다.(56.7 ml)

둘째, 60일간 결과를 관찰한다.

※ 실험실 조건

- 온도 25℃
- 습도 30%
- 공간높이 zero

[그림 2-3] 용액별 증발 실험 View

실험결과 : (단위, mm)

구분	초기	59시간	720시간	1440시간	증발속도(m^3/m^2sec)
증류수	10	0	−	−	8.3×10^{-9}
경 유	10	8	7	7	1.02×10^{-10}
식용유	10	10	10	10	−
엔진오일	10	10	9.5	9.5	1.7×10^{-11}

SECTION 02 | 국소배기

1 개요

국소배기에서 가장 중요한 부분은 송풍량의 결정이다. 송풍량의 결정에는 어떤 Hood를 선정해야 할지, 어떤 방법으로 배기해야 할 것인지를 포함한 모든 것이 검토되어야 한다. Hood의 결정에 의해 송풍량이 달라지기 때문이다. Hood를 설치하는 목적도 송풍량을 적정하게 하여 유해물질이 작업장 주변으로 확산되지 않도록 하는 데에 있다. 더구나 전체배기를 하지 않고 국소배기를 하는 것은 유해물질의 독성이 높거나 유해물질이 다량으로 배출되는 경우이므로 Hood의 선정은 더욱 중요하다.

Hood라는 원래의 의미는 감싼다는 뜻이며 여러 분야에서 Hood의 이름은 쓰여지고 있다. 의복에서도 Hood T라는 용어를 사용하고 건축물 상단 덮게, 자동차의 엔진커버 등 덮는다는 용어로 다양하게 사용된다. 국소배기에서도 그 어원을 적용하면 발생원을 감싼다는 뜻이 된다. 결국 국소배기의 Hood의 목적은 둘러싸서 오염물이 외부로 나가지 않게 하는 게 목적이다. 그러나 아무리 감싼다 할지라도 배출구는 필요하게 되며, 작업 공정상 완전히 감싸는 것이 불가능한 경우가 생긴다. 이럴 경우는 송풍량을 증가시켜서 주변으로 확산되지 못하도록 하고 유해물을 함유한 가스상 물질을 적절히 포집하여 공기청정장치를 통해 대기 중으로 배기하여야 한다. 배기를 하게 되면 실내공기량은 줄어들고 결국은 배기가 불가능하게 된다. 실내에 적어지는 공기를 외부로부터 유입 시키는 것이 또한 환기의 목적이기도 하다.

2 국소배기의 계획 및 유의 사항

(1) 유의사항

- 최초 생산 공장 건설 시에 검토 부분이 필요하다.

  과거에는 생산 공장라인이 주 검토 대상이었다. 물론 지금도 주 검토 대상이지만 여기에 근로자의 직업병, Hood 설치 방법 등이 동시에 고려되어야 하며 밀폐공간을 조성하여 무인으로 작업하는 것도 고려하여야 한다.

- 생산 공정의 변경이 검토되어야 한다.

  페인트 도장은 건식 대신에 습식을 사용하면 미세먼지로부터 피해를 줄일 수 있고 스프레이 방식에서 침적식으로 한다면 액적으로부터도 피해를 줄일 수 있으며 Hood의 중요성도 낮아진다. 밀폐형 Booth를 사용하면 훨씬 안전한 작업공간이 될 수 있다.

  유기용제 사용에서도 독성이 낮거나 건조속도가 빠른 것, 세정이 용이한 것들을 선별하면 피해를 줄일 수 있다. 활성탄의 도포 시에도 과거에 황산을 주로 사용했지만 최근에는 이와 유사한 효율이면서도 위험성과 독성이 낮은 인산을 사용 하는 것을 좋은 예로 들 수 있다.

- 작업장 내부의 작업공정 배치에서도 창문의 방향과 기류 흐름 방향을 고려하여 배치하면 작업자는 피해를 줄일 수 있다.

- 현행 산업안전보건법 상의 법적 규제는 노출기준 농도와 Hood의 제어속도를 동시에 점검하므로 국소배기 및 전체배기에서도 유념해야 할 사항이다. 노출기준은 폭로 한계 농도를 의미하고 제어속도는 외부식 Hood 에서는 Hood로부터 가장 먼 지점과 밀폐형의 Hood에서는 개구면으로 측정값이 되지만 개구부가 큰 경우에는 500mm 간격으로 측정하여 가장 낮은 제어속도를 의미한다. 이는 산업안전보건법에서 규정하고 있다.

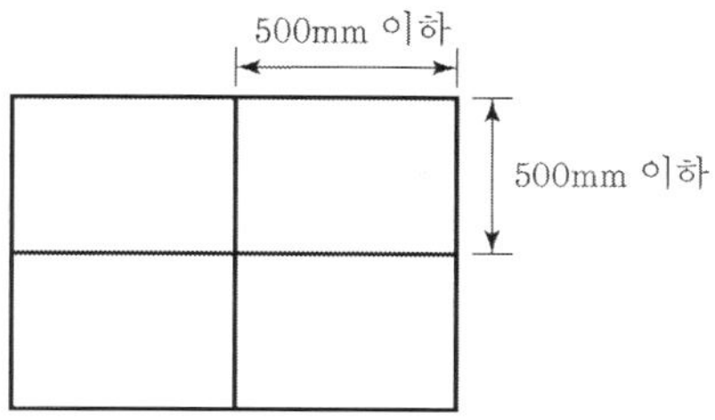

(2) 국소배기의 계획

1) 고려사항

- 송풍관의 설치 위치 및 환기 시스템의 설치 조건을 고려한다.
- 기타 부대 조건을 확인한다.(전기, 공급 수, 관리자의 동선)
- 송풍량이 과다한 경우에 실내에 음압의 형성으로 배기가 불가능한 경우가 발생한다. 국소배기량이 실내공간에 비하여 많은 경우 별도의 청정공기 공급 시스템이 필요하고 그렇지 않은 경우 출입문이 개폐에 지장을 주는 경우도 많다. 또한 냉, 난방의 에너지 공급도 검토 대상이 되어야 한다.

2) 국소배기의 결정 순서

- 필요 송풍량의 최소화를 검토한다.
- Hood 설치 장소와 Hood의 형태를 결정한다.
- 제어속도를 결정한다.
- 송풍량을 계산한다.
- 송풍관의 관로와 반송속도 결정, 압력손실의 최소화를 검토한다(가능한 짧은 거리, 곡관의 수량 줄이기)
- 송풍관의 재질 결정
- 총 송풍량 산정
- 압력손실 계산
- 송풍기의 결정

3) 관리자의 수칙

- 근로자의 Hood 적정 사용 여부 확인
- Hood의 파손 여부 확인
- 정압, 암페어의 확인에 의한 정상 가동 여부 확인
- Hood의 제어속도 확인
- 근로자에 대한 Hood의 필요성 강조 및 설명(작업에 있어서 Hood는 약간의 불편함을 주는 게 사실이다. 그러면 근로자는 불만을 갖고 사용을 꺼려하는 경우가 자주 있다)

3 Hood

(1) 개요

- Hood의 종류는 다양하고 송풍량의 산정 방법도 다양하다. 따라서 어떤 Hood를 선정하고 송풍량이 어느 정도가 적절한지는 많은 경험과 이론적인 지식이 필요하다. 과다한 송풍량은 실내공기 조절용 에너지와 송풍량을 이송하기 위한 에너지의 사용량 증가 등 많은 손실을 낳게 된다.
- 사용량을 줄이는 방법으로는 가능한 밀폐형 Hood를 사용하면 외부식에 비해 난기류의 영향을 적게 받아 송풍량을 최소화할 수 있고 기류의 흐름방향을 이용하여 배기하면 작은 힘으로도 용이하게 배기가 가능하다.

(2) 유입계수(Ce)

- 실제 Hood 내로 유입되는 송풍량과 이론상 Hood 내로 유입되는 유량의 비
- 후드의 유입효율을 의미하며 유입계수가 1에 가까울수록 압력손실이 작다는 것을 의미하므로 유입계수를 예측하는 것은 Hood의 성능을 예측하는 방법이기도 하다.

– 관계식

유입계수(Ce) = (실제적 유량 ÷ 이론적인 유량)

= (실제 흡인 유량 ÷ 이상적인 흡인 유량)

후드 유입 손실계수(F) = $[(1-Ce^2) \div Ce^2] = (1 \div Ce^2) - 1$

유입계수(Ce) = $[1 \div (1+F)]^{0.5}$

Hood 정압(SPh) = $VP + \Delta P = VP + (F \times VP) = VP \times (1+F)$

Hood 정압(SPh) : kgf/m^2
VP(동압) : kgf/m^2
ΔP(압력손실) : kgf/m^2
F:유입 손실 계수

문제 Hood의 정압이 $20kgf/m^2$이고 속도압이 $12kgf/m^2$이라면 유입계수(Ce)는 얼마인가?

풀이 유입계수(Ce) = $[1 \div (1+F)]^{0.5}$
Hood 정압(SPh) = $VP \times (1+F)$
$F = (SPh \div VP) - 1 = (20kgf/m^2 \div 12kgf/m^2) - 1 = 0.67$
∴ 유입계수(Ce) = $[1 \div (1+0.67)]^{0.5} = 0.77$

(3) 종류 및 특성

1) 종류

– 발생원이 Hood 내부인가 아니면 외부에 있는가에 따라 밀폐 형과 외부식으로 분리

– 발생원의 기류 흐름 방향과 동일한가의 여부에 따라 Receiver Type(순방향 형), Capture Type(역방향 형)으로 분리

2) 일반적인 제어속도

작업조건	작업공정 사례	제어속도(m/sec)
• 움직이지 않는 공기 중에서 속도 없이 배출되는 작업조건 • 조용한 대기 중에 실제 거의 속도가 없는 상태로 발산하는 경우의 작업조건	• 액면에서 발생하는 가스나 증기 · 흄 • 탱크에서 증발 · 탈지시설	0.25~0.5
비교적 조용한(약간의 공기 움직임) 대기 중에서 저속도로 비산하는 작업조건	• 용접, 도금 작업 • 스프레이 도장 • 저속 컨베이어 운반	0.5~1.0
발생기류가 높고 오염물질이 활발하게 발생하는 작업조건	• 스프레이 도장, 용기충전 • 컨베이어 적재 • 분쇄기	1.0~2.5
초고속기류가 있는 작업장소에 초고속으로 비산하는 경우	• 회전연삭작업 • 연마작업 • 블라스트 작업	2.5~10

3) 제어속도범위 적용 시 기준

범위가 낮은 쪽	범위가 높은 쪽
• 작업장 내 기류가 낮거나, 제어하기 유리하게 작용될 때 • 오염물질의 독성이 낮을 때 • 오염물질 발생량이 적고, 발생이 간헐적일 때 • 대형 후드로 공기량이 다량일 때	• 작업장 내 기류가 국소환기 효과를 방해할 때 • 오염물질의 독성이 높을 때 • 오염물질 발생량이 높을 때 • 소형 후드로 국소적일 때

4) 먼지의 제어속도

후드의 형식		제어속도(m/s)
포위식 후드		0.7
외부식 후드	측방 흡인형	1.0
	하방 흡인형	1.0
	상방 흡인형	1.2

5) 제어속도(흡인속도), 비산속도, 기류속도

- 제어속도 : Hood 쪽으로 이동하는 기류의 이동속도로 비산속도와 기류속도에 의해 결정된다. 그러나 특수한 난기류 또는 이동체에 의한 비산을 제외하고 대부분 작은 값으로 무시하게 된다. 따라서 제어속도와 기류속도를 같이 사용하기도 한다. 그러나 실질적으로 제어속도와 기류속도는 차이가 있다.

  제어속도 = 기류속도 − 비산속도

- 기류속도 : 발생원에 가해지는 힘으로 흡인이 되기 위해서는 비산속도보다 빨라야 한다.

  기류속도 〉 비산속도

- 비산속도 : 발생원에서 비산되는 속도를 의미하며 일반적으로 작은 속도이지만 그라인더, 연마기, 절단기, 열원 등 특수기기 및 특수 조건에서는 의외로 빠른 경우도 있다.

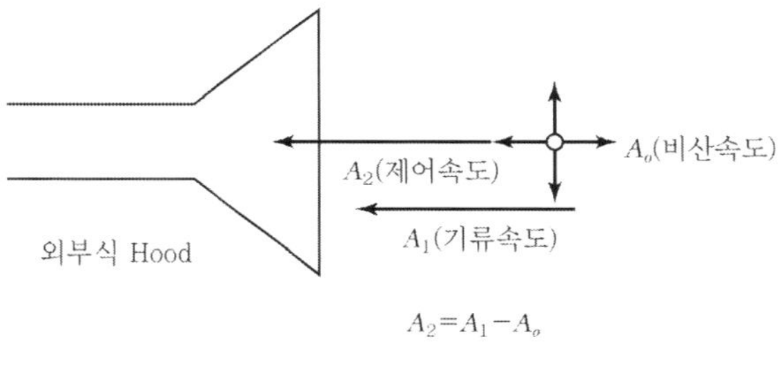

[그림 2-4] **제어속도와 기류속도와의 관계**

(4) Flange의 적용

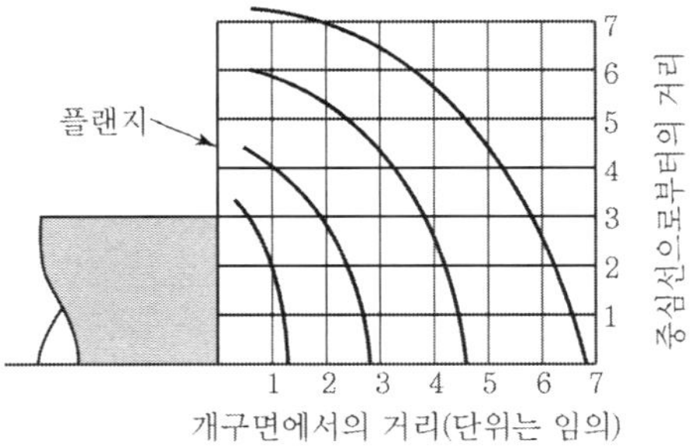

[그림 2-5] **플랜지가 부착된 원형후드의 등속도면**

- 외부식 Hood에 사용되는 방법으로 델라벨리의 실험에 의하면 Flange의 부착 시 동일 송풍량에서 제어속도가 25% 정도 빨라지는 것으로 되어 있고 동일한 제어속도를 유지하기 위해서 송풍량은 75% 정도 필요한 것으로 실험 결과가 나와 있다.
- 미국 조지아 대학의 J M Dalla Valle교수의 실험에 의하면 Flange가 없고 바닥면에 놓여 있지 않은 경우의 흡인기류의 속도는 개구면 직경의 위치에서 면속도의 "1/10" 정도라는 실험 결과를 발표했으며 그 이론이 현재까지 이용되고 있다.

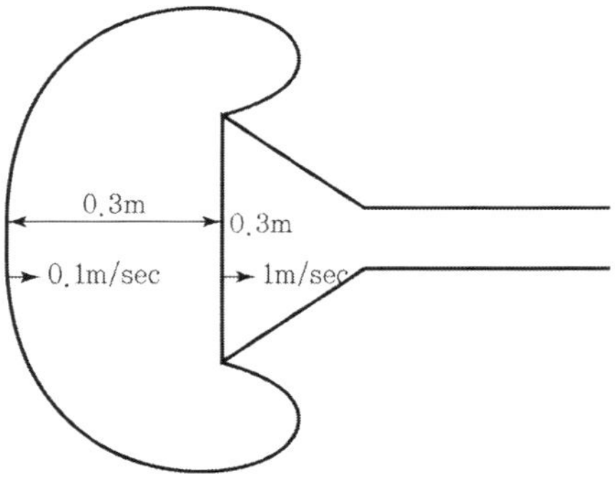

- Flange의 크기는 개구면적 0.6m^2당 폭이 12.5cm정도면 충분한 성능을 갖는다는 것이 델라벨리의 실험 결과이다.

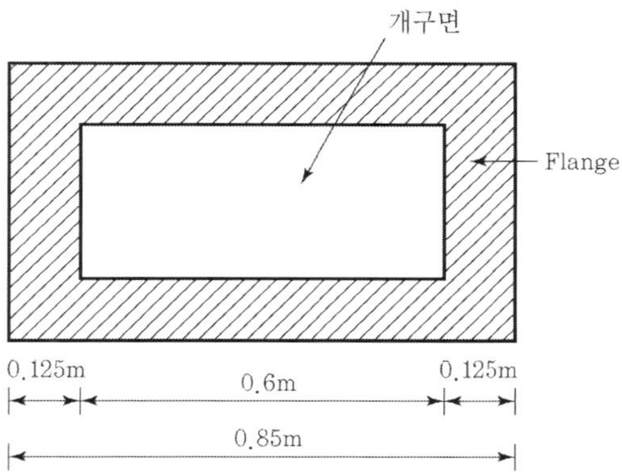

– 송풍량 비교식

$Q(\text{일반}) = 60\text{sec/min} \times (10X^2 + A) \times V$

$Q(\text{Flange 부착}) = 0.75 \times 60\text{sec/min} \times (10X^2 + A) \times V$

Q : 송풍량 m^3/min
X : Hood와 발생원과의 거리 m
A : Hood의 개구면적 m^2
V : X지점의 제어속도 m/sec

– Flange가 아닌 작업대 위에 올려 있는 경우, 외부식은 개구면이 4면인 것과 비교해 바닥면이 덮여 있는 효과로 일반 외부식 Hood에 비해 송풍량은 50% 정도가 적지만 동일한 제어속도를 나타내게 되므로 송풍량 산정 시 50%(0.5)를 적용한다.

$Q(\text{Flange 부착}) = 0.5 \times 60\text{sec/min} \times (10X^2 + A) \times V$

Q : 송풍량 m^3/min, X : Hood와 발생원과의 거리 m
A : Hood의 개구면적 m^2, V : X지점의 제어속도 m/sec

문제 외부식 Hood에서 필요 송풍량이 $100m^3$/min이었다. 송풍량을 줄이기 위해 Flange를 부착하거나 작업대 상부에 올릴 경우는 송풍량이 각각 얼마가 되는가?

풀이 Flange를 부착한 경우 = $100m^3/\text{min} \times 0.75 = 75m^3/\text{min}$

작업대가 상부인 경우 = $100m^3/\text{min} \times 0.5 = 50m^3/\text{min}$

4 밀폐형 Hood

(1) 개요

포위식(Enclosing type), Booth식이라고 부르지만 약간의 차이는 있다.

- 포위식 : 밀폐형이면서 개구면이 부분적으로 작은 것을 의미한다.
- Booth식 : 건축물 Booth의 의미로 개구면의 한 면 전체가 열려있는 것을 의미한다.
- 특징 : 난기류의 영향을 거의 받지 않으며 외부식의 경우에는 개구면이 네면인 반면 밀폐형은 개구면이 한 개의 면으로 산술적으로 필요 송풍량은 "1/4" 이하가 된다.
- Hood의 개방면이 제어속도가 되며 개구부가 큰 경우(한 면이 500mm 이상)에는 제어속도를 500mm 간격으로 분리하여 측정하며 낮은 부분의 유속을 제어속도로 간주한다. 따라서 개구면이 큰 경우는 Take off(송풍관 연결 부분)의 위치가 중요한 역할을 한다. Take off부분으로부터 멀리 이격하면 제어속도가 작아지는 것은 당연하다.

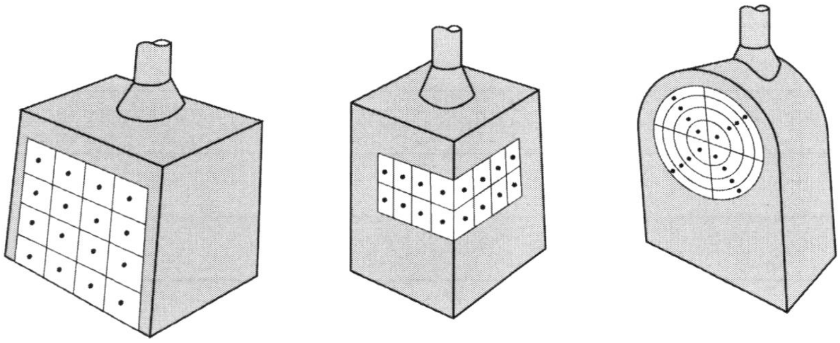

포위식 후드는 개구면을 16등분하여 각각의 중심풍속을 측정한다.

[그림 2-6] **포위식 후드 개구면의 분할**

(2) 특징

- 난기류의 영향을 받지 않으므로 송풍량을 최소화할 수 있다.
- 개구면이 적어서 유해물로부터 안전지수가 높다.

- 작업에 지장을 초래할 수 있다.
- 제작비용이 다소 고가이다.
- 공간을 넓게 차지한다.

(3) 송풍량 산출

$Q = 60\text{sec/min} \times A \times V$

Q : 송풍량 m^3/min
A : Hood의 개구면적 m^2
V : 개구면의 제어속도 m/sec

문제 개구면적이 0.5m×0.6m인 밀폐형 Hood에서 제어속도가 0.5m/sec이면 송풍량은 얼마인가?

풀이 $Q = 60\text{sec/min} \times A \times V$

Q : 송풍량 m^3/min
A : Hood의 개구면적 m^2
V : 개구면의 제어속도 m/sec

$Q = 60\text{sec/min} \times 0.5\text{m} \times 0.6\text{m} \times 0.5\text{m/sec} = 9\text{m}^3/\text{min}$

5 외부식 Hood

(1) 개요

- 후드의 흡인력이 외부에 영향을 미치는 Hood로 발생원이 Hood 밖에 있는 모든 Type으로 정의한다.
- 발생원의 특성과 작업의 특성상 포위식이 불가능한 경우에 해당하게 된다.

(2) 종류

1) 외형

- Slot type(슬롯형)
- Louver type(루버형)
- Grid type(그리드형)
- Free Standing(자립형)
- Canopy type(캐노피형)

2) 개구부의 차이

- 장폭비가 1 : 0.2 초과한 경우

Q(일반)$=60\text{sec/min}\times(10X^2+A)\times V$

Q : 송풍량 m^3/min
X : Hood와 발생원과의 거리 m
A : Hood의 개구면적 m^2
V : X지점의 제어속도 m/sec

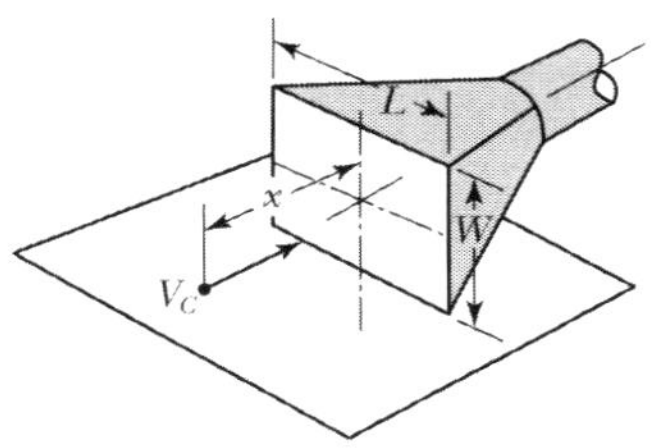

$A=L\cdot W(W/L>0.2)$

- 장폭비가 1 : 0.2 이하인 경우

Q(일반)$=60\text{sec/min}\times 5\times L\times X\times V$

Q : 송풍량 m^3/min

X : Hood와 발생원과의 거리 m
L : Hood의 장변 길이 m
V : X지점의 제어속도 m/sec

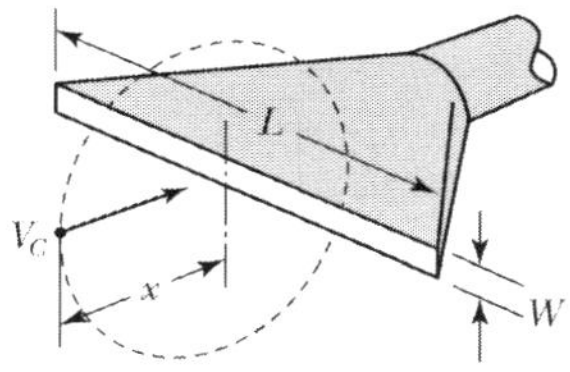

$W/L \leq 0.2$: A(전원주)

(3) 송풍량 산출방법

1) Slot형(장폭비가 1 : 0.2 초과한 경우, W/L > 0.2)

Q(일반) = 60sec/min × $(10X^2 + A) \times V$

Q : 송풍량 m^3/min
X : Hood와 발생원과의 거리 m
A : Hood의 개구면적 m^2
V : X지점의 제어속도 m/sec

Q(Flange부착) = 60sec/min × 0.75 × $(10X^2 + A) \times V$

Q(Flange부착, 작업대 상단) = 60sec/min × 0.5 × $(10X^2 + A) \times V$

Q(작업대 상단) = 60sec/min × $(5X^2 + A) \times V$

2) Slot형(장폭비가 1 : 0.2 이하, W/L ≤ 0.2)

Q(일반) = 60sec/min × 5 × $L \times X \times V$

Q : 송풍량 m^3/min
X : Hood와 발생원과의 거리 m
L : Hood의 장변 길이 m
V : X지점의 제어속도 m/sec

Q(가장자리 설치) $= 60\text{sec/min} \times 4.1 \times L \times X \times V$

Q(바닥에 설치) $= 60\text{sec/min} \times 2.8 \times L \times X \times V$

Q(바닥에 설치, Flange부착) $= 60\text{sec/min} \times 1.6 \times L \times X \times V$

3) Canopy Hood

- 열 상승기류의 경우에 적용하는 Hood로 밀폐형이 불가능한 증발, 증숙, 가열, 용해 등 열원 작업에서 주로 이용하고 주 송풍량 산정 방법은 다양하다.
- 송풍량

$Q = 60\text{sec/min} \times 1.4 \times P \times H \times V$

Q : 송풍량 m^3/min
P : Hood의 총 둘레길이[(L+W)×2] m
H : Hood와 발생원과의 거리 m
V : X지점의 제어속도 m/sec

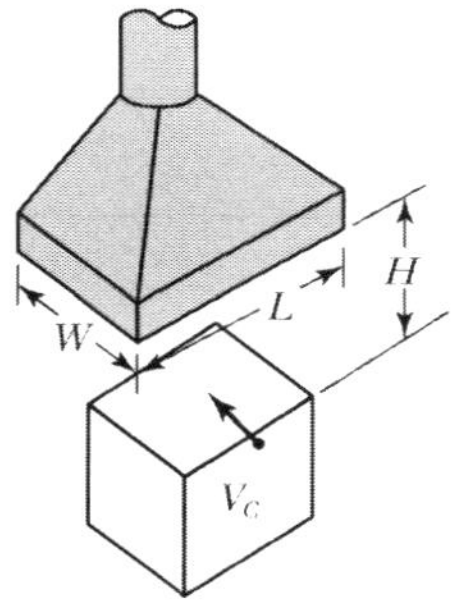

캐노피주장 $P = 2(L + W)$

높이계수 $H/L \leqq 0.3$

4) 송풍량 산출 요약

[표 2-3] 후드의 형식별 송풍량 계산식 일람표

후두의 형식	그림 예	송풍량 Q(m³/min)
① 포위식	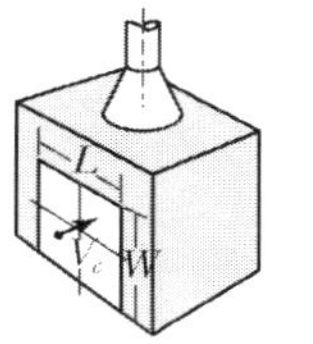 개구면적 $A(\mathrm{m}^2)=L(\mathrm{m})\times W(\mathrm{m})$ 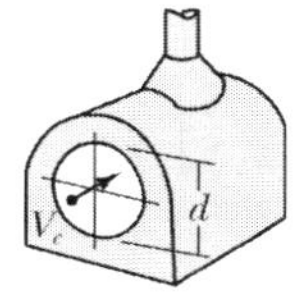 $A=\frac{\pi}{4}\cdot d^2$	$Q=60\cdot A\cdot V_0$ $=60\cdot A\cdot V_c\cdot k$ V_0 : 개구면의 평균풍속(m/s) V_c : 제어속도(m/s) k : 불균일한 풍속에 대한 보정계수
② 외부식 자유공간에 설치한 원형 또는 사각형 후드	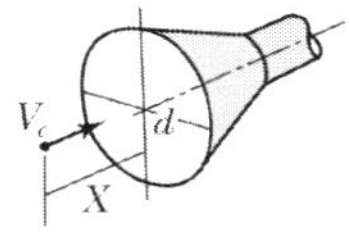 $A=\frac{\pi}{4}\cdot d^2$ 거리 : X(m) 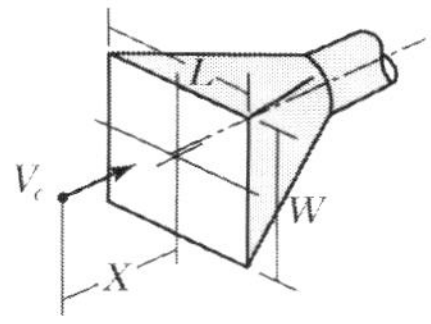 $A=L\cdot W$ 종횡비 : $W/L>0.2$	$Q=60\cdot V_c\cdot(10X^2+A)$
③ 외부식 자유공간에 설치한 플랜지 부착 원형 또는 사각형 후드	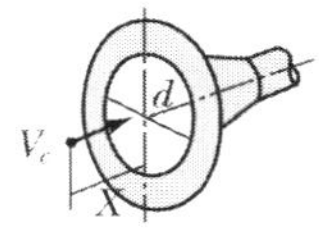 $A=\frac{\pi}{4}\cdot d^2$	$Q=60\cdot 0.75\cdot V_c\cdot(10X^2+A)$

	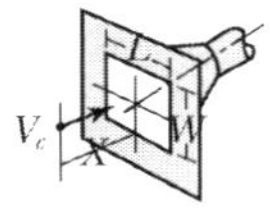 $A = L \cdot W$ $W/L > 0.2$	
④ 외부식 바닥, 테이블, 벽 등에 붙여서 설치한 사각형 후드	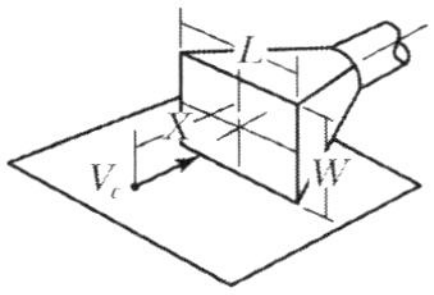 $A = L \cdot W$ $W/L > 0.2$	$Q = 60 \cdot V_c \cdot (5X^2 + A)$
⑤ 외부식 바닥, 테이블, 벽 등에 붙여서 설치한 플랜지 부착 사각형 후드	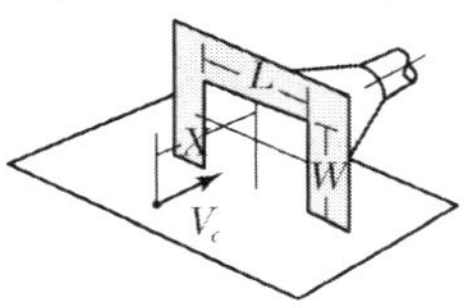 $A = L \cdot W$ $W/L > 0.2$	$Q = 60 \cdot 0.5 \cdot V_c \cdot (10X^2 + A)$
⑥ 외부식 슬로트형 후드	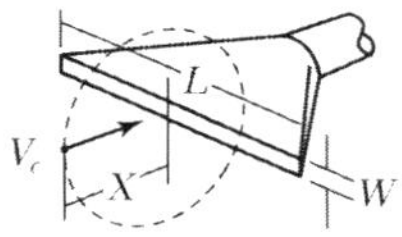 $W/L \leq 0.2$ A(원주)	$Q = 60 \cdot 5.0 \cdot L \cdot X \cdot V_c$
⑦ 외부식 작업대의 가장자리 등에 붙여서 설치한 슬로트형 후드	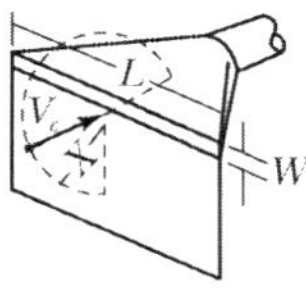 $W/L \leq 0.2$ $A(\frac{3}{4}$ 원주$)$	$Q = 60 \cdot 4.1 \cdot L \cdot X \cdot V_c$
⑧ 외부식 바닥, 테이블, 벽면 등에 설치한 슬로트형 후드	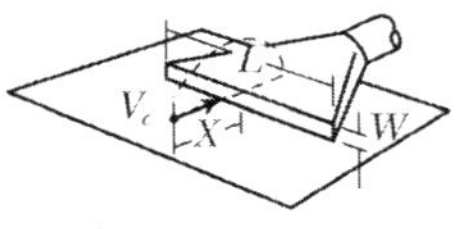 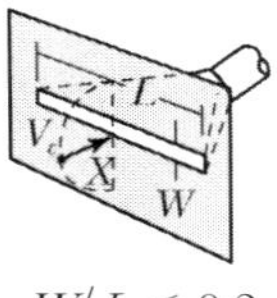 $W/L \leq 0.2$ $A(\frac{1}{2}$ 원주$)$	$Q = 60 \cdot 2.8 \cdot L \cdot X \cdot V_c$

⑨ 외부식 바닥, 테이블, 개방조의 가장자라에 설치한 플랜지 부착 슬로트형 후드	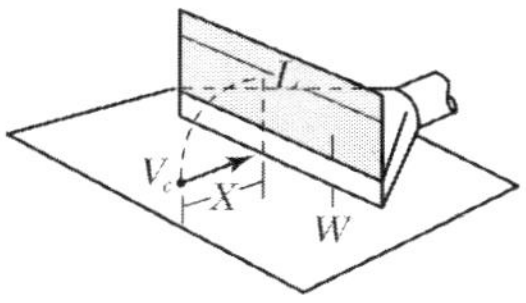 $W/L \leq 0.2$ $A(\frac{1}{4}$원주$)$	$Q = 60 \cdot 1.6 \cdot L \cdot X \cdot V_{cz}$
⑩ 레시버식 사각형 또는 원형 캐노피형 후드	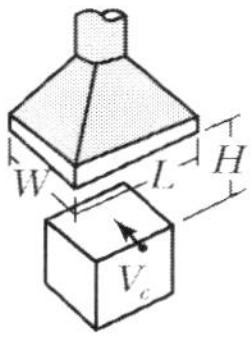 캐노피주장(周長) $P = 2(L + W)$ 높이계수 $H/L \leq 0.3$	$Q = 60 \cdot 1.4 \cdot P \cdot H \cdot V_{cz}$
⑪ 레시버식 정사각형 또는 원형 캐노피형 후드(전측면개방)	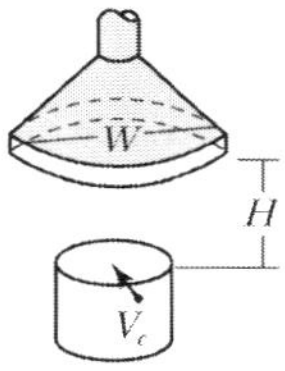 $0.3 < H/W \leq 0.75$	$Q = 60 \cdot 14.5 \cdot H^{1.8} \cdot W^{0.2} \cdot V_c$
⑫ 레시버식 정사각형 또는 원형 캐노피형 후드(3측면개방)	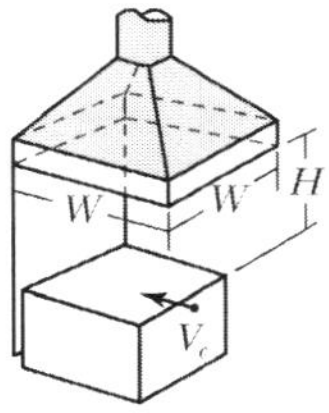 $0.3 < H/W \leq 0.75$	$Q = 60 \cdot 8.5 \cdot H^{1.8} \cdot W^{0.2} \cdot V_c$

문제 1 용접 작업을 하고 있는 작업장에서 외부식 Hood를 사용하여 Fume을 포집하려 한다. Hood에서 발생원과의 거리는 0.3m이고 Hood의 개구면은 0.6m×0.2m이고, Fume의 특성상 제어속도는 1m/sec로 하면 송풍량은 얼마인가?

풀이 $W/L = 0.33$으로 > 0.2

$Q = 60\text{sec/min} \times (10X^2 + A) \times V$

Q : 송풍량 m^3/min

X : Hood와 발생원과의 거리 0.3m

A : Hood의 개구면적 $m^2(0.6m \times 0.2m = 0.12m^2)$

V : X지점의 제어속도 1m/sec

$Q = 60\text{sec/min} \times (10 \times 0.09\text{m}^2 + 0.12\text{m}^2) \times 1\text{m/sec}$

$= 61.2\text{m}^3/\text{min}$

문제 2 자동차 배터리 조립 과정에서 고르기 공정을 작업하고 있는 장소에 작업대 위에 외부식 Hood를 설치하였다. 배기량은 얼마가 되는가? 제어속도는 납 먼지가 발생되므로 1.5m/sec로 하였다.(Hood는 0.8m×0.1m, 이격거리는 먼 곳을 중심으로 0.3m이다.)

풀이 $W/L = 0.125$로 ≤ 0.2

$Q = 60\text{sec/min} \times 2.8 \times L \times X \times V$

Q : 송풍량 m^3/min

X : Hood와 발생원과의 거리 0.3m

L : Hood의 장변 길이 0.8m

V : X지점의 제어속도 1.5m/sec

$Q = 60\text{sec/min} \times 2.8 \times 0.8\text{m} \times 0.3\text{m} \times 1.5\text{m/sec}$

$= 61\text{m}^3/\text{min}$

문제 3 약품 배합용 tank가 있다. tank와 Hood는 작업 공간 확보를 위해 0.5m 이격되어 있고 작업 탱크는 1m×0.6m이고 Hood의 크기는 1.2m×0.8m이다. 제어속도를 0.5m/sec로 하면 송풍량은 몇 m^3/min이 되는가?

풀이 $Q = 60\text{sec/min} \times 1.4 \times P \times H \times V$

Q : 송풍량 m^3/min

P : Hood의 총 둘레길이[(L+W) × 2] m

H : Hood와 발생원과의 거리 m

V : X지점의 제어속도 m/sec

$Q = 60\text{sec/min} \times 1.4 \times 4\text{m} \times 0.5\text{m} \times 0.5\text{m/sec}$

$= 84\text{m}^3/\text{min}$

P : Hood의 총 둘레길이[(1.2+0.8)×2]=4m

H : Hood와 발생원과의 거리 0.5m

V : X지점의 제어속도 0.5m/sec

6 Receiver와 Capture의 의미

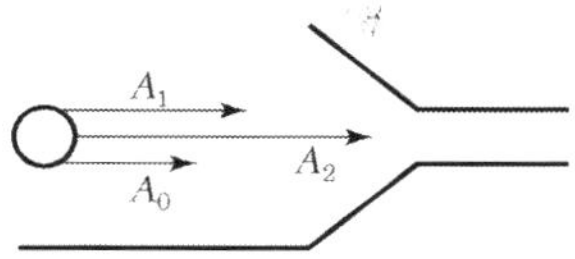

$A_2 = A_1 + A_0$(Receiver)

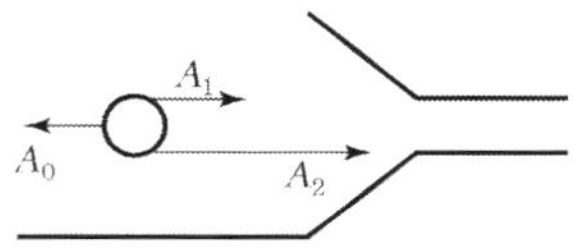

$A_2 = A_1 - A_0$(Capture)

(1) Receiver식

Hood의 흡인방향이 오염물의 이동 방향과 동일한 방향으로 흡인하는 것으로 적은 에너지로 높은 효과를 낼 수 있다. Hood의 설치 원리이기도 하다. 기류속도가 약간 낮아도 제어속도는 빨라진다. 비산속도가 0.1m/sec이고 기류속도가 0.4m/sec라면 제어속도는 0.5m/sec가 된다.

제어속도 = 기류속도 + 비산속도

(2) Capture식

Hood의 흡인방향이 오염물의 이동 방향과 반대 방향으로 흡인하는 것으로 적정한 효과를 위해서는 많은 에너지가 필요하다. 비산속도가 0.1m/sec이고 기류속도가 0.4m/sec라면 제어속도는 0.0.3m/sec가 된다.

제어속도 = 기류속도 − 비산속도

7 열원의 송풍량 산출 방법

(1) 개요

1) 열원의 오염원인 경우 고온의 표면에서 발생하는 오염물질은 빠른 속도록 상승 비산하게 된다. 효과적인 제어를 위해 Canopy Hood를 이용하지만 송풍량 산출은 용이하지 않으며 Hood와의 거리, 난기류의 영향 등으로 인해 복잡한 계산 과정이 산출된다.

2) 송풍량의 산정 순서

- 열 상승기류의 양을 구한다(열원의 종횡비, 가상 높이, 열원의 접촉면적 즉, 단면적).
- 누입 안전계수와 누입 한계 유량비를 예측한다.

(2) 송풍량

$Q_3 = Q_1 + Q_2$

Q_3 : 필요 송풍량 Q_1 : 열상승기류량
Q_2 : 외부 유입량($Q_1 \times m \times k_L$) m : 누입 안전계수
k_L : 누입 한계 유량비

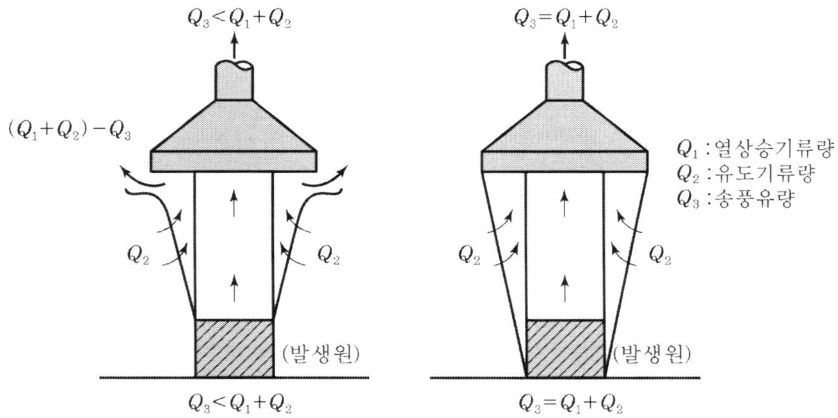

[그림 2-7] **난기류가 없는 경우 열상승기류량과 유도기류량**

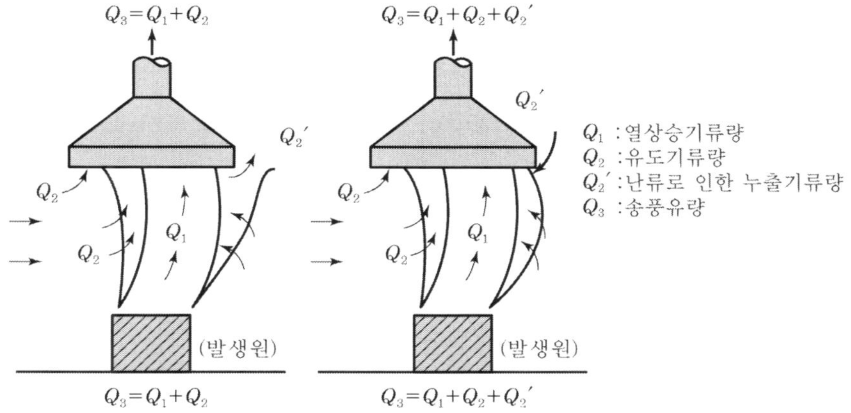

[그림 2-8] **난기류가 있는 경우 필요 송풍량**

1) $Q_1=(0.57 \div \gamma)\times(A\times\gamma)^{0.33}\times \Delta t^{0.45}\times Z^{1.5}$

Q_1 : 열상승기류량(m^3/min)

γ : 열원의 종횡비

A : 열원의 접촉 면적(m^2)

Δt : 온도차 ℃

Z : 가상 높이

① γ : 열원의 종횡비

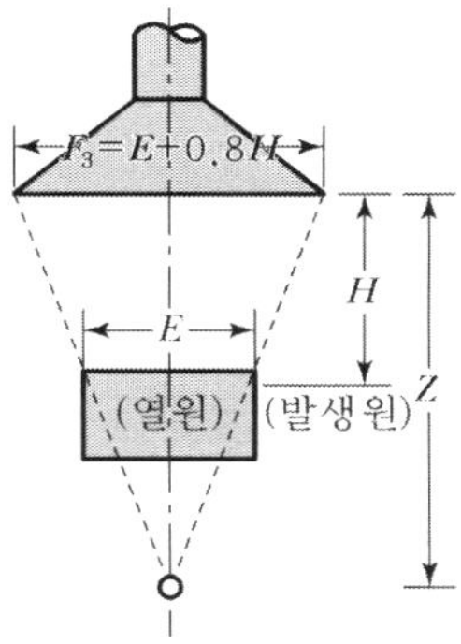

[그림 2-9] **열원과 캐노피 후드와의 관계**

[표 2-4] 열원의 종횡비 γ

열원을 위에서 보았을 때의 형태	열원의 종횡비 γ
원형, 정사각형	1
원에서 준하는 형(타원)	짧은 지름/긴 지름
사각형	짧은 변/긴 변

② Δt : 온도차(℃)

[표 2-5] 온도차 Δt의 계산식

높이비	$H/E \le 0.7$	$H/E > 0.7$
Δt의 계산식	$\Delta t = t_m - 20$	$\Delta t = (t_m - 20) \cdot [(2E+H)/2.7E]^{-1.7}$

③ Z : 가상 높이

[표 2-6] 가상높이 Z의 계산식

높이비	$H/E \le 0.7$	$H/E > 0.7$
Z의 계산식	$Z = 2E$	$Z = 0.74(2E+H)$

2) Q_2 : 외부 유입량($Q_1 \times m \times k_L$)

Q_1 : 열상승기류량
m : 누입 안전계수
k_L : 누입 한계 유량비

① m : 누입 안전계수

[표 2-7] 난기류의 크기와 누입안전계수

난기류의 크기(m/s)	누입안전계수(m)
~ 0.15	5
0.15 ~ 0.3	8
0.3 ~ 0.45	10
0.45 ~ 0.6	15

② k_L : 누입 한계 유량비

[표 2-8] 열상승기류에 대한 누입 한계 유량비 k_L의 계산식

열원의 모양 \ 높이비	$H/E \leq 0.7$	$H/E > 0.7$
원형	$k_L = [(0.08(H/E)+1)^{2.6} - 0.02] \times \left[\frac{1.05}{(F_3/E)^{1.4}} + 0.4\right] + 0.0012\Delta t$	$k_L = 0.21[(0.5H+E)/F_3]^{1.4} + 0.21 + 0.0012\Delta t$
원에 준하는 모양	$k_L = [(0.08(H/E)+1)^{2.6} - 0.02] \times \left[\frac{1.05}{(F_3/E)^{1.4}} + 0.4\right] \times [2.5(\gamma+0.01)^{0.06} - 1.5] + 0.0012\Delta t$	$k_L = 0.21[(0.5H+E)/F_3]^{1.4} + 0.21 \times [2.5(\gamma+0.01)^{0.06} - 1.5] + 0.0012\Delta t$
정사각형	$k_L = [(1.4(H/E)+1)^{1.43} - 0.25] \times \left[\frac{0.82}{(F_3/E)^{3.4}} + 0.18\right] + 0.0012\Delta t$	$k_L = 0.32[(0.5H+E)/F_3]^{3.4} + 0.2 + 0.0012\Delta t$
직사각형	$k_L = [(1.4(H/E)+1)^{1.43} - 0.25] \times \left[\frac{0.82}{(F_3/E)^{3.4}} + 0.18\right] \times [0.53\gamma + 0.47] + 0.0012\Delta t$	$k_L = 0.32[(0.5H+E)/F_3]^{3.4} + 0.2 \times (0.53\gamma + 0.47) + 0.0012\Delta t$

문제 용해로에서 열상승기류량을 구하려 한다. 다음 조건에서 산출하시오. 용해로는 직경 1m의 원형인 용해로이며 용해로의 표면 온도는 600℃이다. Hood와 용해로의 거리는 0.5m이다.

풀이 $Q_1 = (0.57 \div \gamma) \times (A \times \gamma)^{0.33} \times \Delta t^{0.45} \times Z^{1.5}$

Q_1 : 열상승기류량(m³/min)
γ : 열원의 종횡비 1
A : 열원의 접촉 면적(m²)
Δt : 온도차℃ (tm − 20 = 580)℃
Z : 가상 높이(2E = 2 × 1m = 2m)
E : 열원의 직경(1m)

$$Q_1 = (0.57 \div 1) \times (0.79\text{m}^2 \times 1)^{0.33} \times 580^{0.45} \times 2^{1.5}$$
$$= 34.2\text{m}^3/\text{min}$$

8 유기용제의 Hood

유기용제의 Hood와 제어속도는 다음에 의해 결정되며 유기용제의 Hood는 가능한한 상방 흡인형을 피한다. 유기용제의 기체는 일반 공기에 비해 2~3배 정도 비중이 크며 상방은 Capture Type이 되므로 비산속도에 영향을 받는다. 또한 대부분 유기용제 업무는 상방에서 수작업을 하는 경우가 많으므로 작업자의 호흡기를 통해 배기되기 때문에 피해를 줄 염려가 많다. 또한 휘발속도도 빠르다.

상기 유기용제의 제어속도는 실내 난기류를 0.3m/sec 이하로 간주된 것으로 이상의 난기류가 형성되면 0.3m/sec를 초과한 속도만큼 감안해야 한다.

예를 들어 유기용제 작업장에서 하방 흡인형의 경우에 난기류가 0.5m/sec가 존재한다면 최초 흡인속도에 0.3m/sec를 초과한 속도 0.2m/sec+0.5m/sec=0.7m/sec를 흡인속도로 해야 한다.

9 난기류의 예측

제어속도 결정 시 난기류를 측정하여 설정하는 것이 바람직하다. 그러나 난기류는 생산공장의 작업공정에서 대부분 발생하게 되므로 처음부터 측정으로 결정하는 것은 어렵다. 일반적인 난기류는 경험과 자료에 의해 예측하게 된다.

– 난기류 속도

[표 2-9] **기류발생상황에 따른 기류속도**

종류	기류의 값	비고
창을 개방하였을 때의 실내기류	실외풍속(V)×0.2	사각지대에서는 기류가 없는 부분도 생기지만 창가에서는 실외풍속에 가깝게 되는 경우도 많다.
창을 닫았을 때의 실내기류	0.25m/s	특히 조용한 때는 0.15m/s로 생각해도 좋다.
작업자, 기계 혹은 물체의 움직임에 의한 기류	0.5m/s	이송속도가 약 2m/s일 때
난방용 라디에이너, 난로 등으로부터의 대류에 의한 기류	0.15~0.4m/s	열원의 크기, 온도, 건물의 높이에 따라 다르다.

10 Push–Pull Hood

(1) 적용

- 한 변에서 Push하고 반대 변에서 Pull하는 방법으로 Open형 탱크에 적용한다.
- 밀폐형이 곤란한 경우에 송풍량을 최소화하면서 효율을 증대시킬 수 있는 type이다.
- 도금조 및 금속 표면처리조, 침적식 도장조에 적용이 편리하다.
- 탱크의 흡인 길이가 긴 경우에 적용이 용이하다.
- 제어속도는 Push 제트기류에 의해 발생한다.
- 노즐의 전체 면적은 기류분포를 고르게 하기 위하여 충만실 단면적의 25%를 초과하지 않도록 한다.

(2) 송풍량

1) Hood의 모형

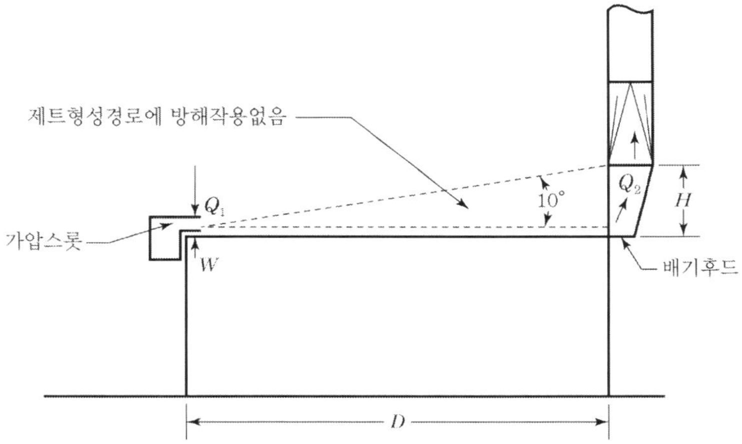

[그림 2-10] 밀어당김식(push–pull)의 후드

2) 송풍량 및 푸쉬량(Push Volume)

Q_2(흡입량, Pull Volume) = 100～150CFM/ft^2(30～46CMM/㎡)

CFM : $feet^3$/min
CMM : ㎡/min
ft^2 : 탱크의 개방 면적

Q_1(부는 양, Push Volume) = $Q_2 \div (D \times E)$

D : 비산거리(Feet)
E : 동반인자(배율)

비산거리	E
0～8	2.0
8～16	1.4
16～24	1.0
24 이상	0.7

(3) 설계 방법

- Hood의 높이(H) = tan10도 × D = 0.18D 이상으로 한다.
- Slot의 폭 및 면적은 1,000～2,000fpm 이상으로 한다(≥5～10m/sec).
- 본 조건은 최소의 송풍량 및 최소의 속도나 통상 그 이상으로 해야 하며 독성이 높은 물질의 경우에는 여유율을 "×1.2" 정도로 하는 것이 경험에 의한 자료다.

11 금속 및 플라스틱 표면처리 송풍량 산정 방법

(1) Hood의 모형

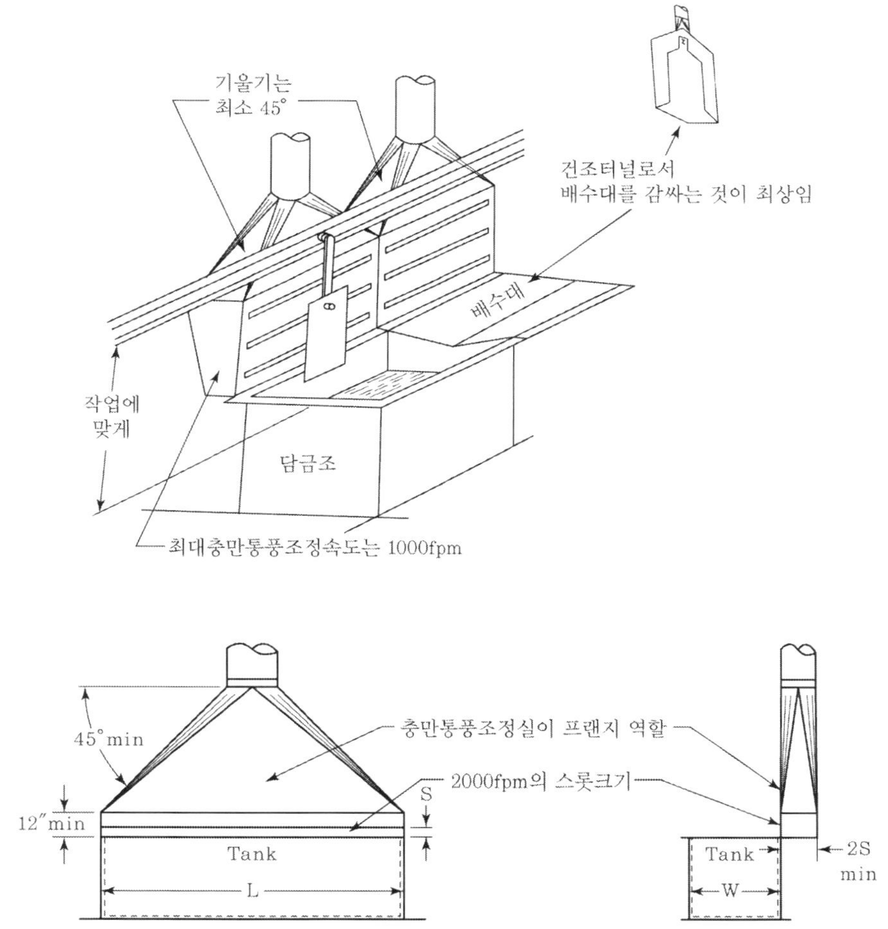

[그림 2-11] 상향식 충만 통풍조정실(Upsard plenum)

(2) 설계 지침

- 충만실의 조정속도는 slot속도의 "1/2" 이내로 한다.
- Take off는 L(탱크의 길이)이 6피트(1.8m) 이상을 초과하지 않도록 한다. 초과할 경우는 기류의 편류가 예상된다. 1.8m 이상이 되는 경우는 Multi로 분리한다.
- 탱크의 폭이 20인치(500mm) 이내이면 한쪽 Slot로 충분하다. 20~36인치(500~910mm)는 양쪽 측면이 고려된다.
- 탱크의 폭이 36~48인치(910~1,220mm)는 양쪽 측면이 필수적이다.
- 탱크의 폭이 ≥48인치(1,220mm)일 경우에는 밀폐형, 혹은 Push-Pull이 적합하다.
- W/L이 1을 초과하는 경우에는 길이 방향을 당기는 것은 부적절하다.

(3) 유해등급의 기준

[표 2-10] 유해준위의 결정

유해준위	산업보건위생학적 규제기준		인화점
	가스 및 증기	미스트	
A	0 ~ 10ppm	0 ~ 0.1mg/m^3	-
B	11 ~ 100ppm	0.11 ~ 1.0mg/m^3	100℉ 이하
C	100 ~ 500ppm	1.1 ~ 10mg/m^3	100 ~ 200℉
D	500ppm 이상	10mg/m^3 이상	200℉ 이상

(4) 최소의 제어속도

[표 2-11] 방해받지 않은 위치에서의 최소 제어속도(FPM)

class [표 2-13~16)	부스형 후드		측면배기 [그림 2-11] (아래 1항 참조)	캐노피형 후드	
	한쪽옆만 개방	두쪽옆만 개방		세쪽옆만 개방	네쪽옆만 개방
A-1 및 A2 (아래 2항 참조)	100	150	150	비사용	비사용
A-3(아래 2항 참조)	75	100	100	125	175

B-1과 B-2 및 C-1 (아래 3항 참조)					
B-3과 C-2 및 D-1 (아래 3항 참조)	65	90	75	100	150
A-4(아래 2항 참조) C-3과 D-2 (아래 3항 참조)	50	75	50	75	125

1항 : 공기량의 계산을 위하여 종횡비율(aspect ratio : W/L)을 이용(표 11.5)함
2항 : 유해준위 A인 프로세스에 대하여서는 캐노피형 후드는 사용 안 함
3항 : 고온수의 완전한 제어 시에는 다음 단계로 높은 크라스로 디자인함
4항 : B-4, C-4, D-3 및 D-4는 일반적인 실내에 대한 필요 환기량임

(5) 측면배기의 적용

[표 2-12] 측면배기(lateral exhaust)에 대한 최소비율의 탱크면적(CFM/ft^2)

최소한의 필요제어속도 (fpm)		다음의 W/L의 비에서 최소한의 필요제어속도를 유지할 수 있는				
		0.0~0.09	0.1~0.24	0.25~0.49	0.5~0.99	1.0~2.0
배플작용의 후드 (1항 참조)	50 75 100 150	50 75 100 150	60 90 125 190	75 110 150 225	90 130 175 250 (2항 참조)	100 150 200 250 (2항 참조)
독립적인 탱크위의 후드 (1항 참조)	50 75 100 150	75 110 150 225	90 130 175 250 (2항 참조)	100 150 200 250 (2항 참조)	110 170 225 250 (2항 참조)	125 190 250 250 (2항 참조)

1항 : 탱크의 중심선을 따라 설치된 후드에 대하여 W/L의 비를 계산하는 데 있어서는 탱크폭으로서 W/2를 사용함
2항 : 모든 종횡비율에서 150fpm의 제어속도를 유지할 수 없으므로 250cfm/ft^2이 적절한 제어속도로 본 것임

(6) 송풍량 산출

- [표 2-10]에 의해 A, B, C, D 등의 등급을 확인
- [표 2-11]에서 제어속도 결정(밀폐형의 경우는 [표 2-11]에서 결정된 속도가 제어속도이다. 측면 배기는 [표 2-12]에서 W/L로 결정한다. A-1과 A-2 등급은 Canopy Hood는 사용 금지이다.
- 유속이 결정 되면 탱크의 개방면적으로 곱하여 산출한다.
- 측면배기(Q) CFM＝[표 2-12]의 속도(fpm)×탱크 표면적(feet^2)

  CFM : Cubic Feet Per min (feet^3/min)

  fpm : feet Per min (feet/min)
- 포위형(Q) CFM＝[표 2-11]의 속도(fpm)×개구면적(feet^2)

  CFM : Cubic Feet Per min (feet^3/min)

  fpm : feet Per min (feet/min)

[표 2-13] **방해받지 않은 위치에 대한 최소 제어속도**

운전프로세서	오염물질	유해 준위	오염물질의 방출율	측면배기의 제어속도(fpm)	집진설비 권장
Anodizing Alum.	Chromic-sulf. Acids	A	1	150	X
Alum. Bright Dip	Nitric + Sulf. Acids Nitric + Phosphoric Acids	A	1	150	X
Plating-					
chromium	Chromic Acid	A	1	150	X
Copper Strike	Cyanide Mist	C	2	75	X
Metal Cleaning (Boiling)	Alkaline Mist	C	1	100	X
Hot Water(If Vent Desired)					
Not Boiling	Water Vapor	D	2	50*	
Boiling		D	1	75*	
Stripping- Copper	Alkaline-Cyanide Mists	C	2	75	X
Nickel	Nitrogen Oxide Gases	A	1	150	X

Pickling–Steel	Hydrochloric Acid	A	2	150	X
	Sulfuric Acid	B	1	100	X
Salt Soultion(bonderizing & Parkerizing)					
Not Boiling					
Boiling	Water Vapor	D	2	50*	
		D	1	75*	
Salt Baths (Molten)	Alkaline Mist	C	1	100	X

* 수증기를 완전히 제거하여야 하는 경우에는 다음 단계의 높은 등급으로 디자인함

[표 2-14] **도금작업 시에 방출되는 공기 내 함유 오염물질**

프로세스	작업형태	주해설명	대기로의 방출물질(B)	방출물질형태	크라스(12)	온도범위(°F)
Surface Treatment	Anodizing Aluminum		Chromic–Sulfuric Acids	Chromic Acid Mist	A–1	95
	Anodizing Aluminum		Sulfuric Acid	Sulfuric Acid Mist	B–1	60~80
	Black Magic		Conc. Sol, Alkaline Oxidizing Agents	Alkaline Mist, Steam	C–1	260~350
	Bonderizing	1	Boiling Water	Steam	D–2, 1	140~212 (14, 15)
	Chemical Coloring		None	None	D–4	70~90
	Descaling		Nitric–sulfuric, Hydrofluoric A–cids	Acid Mist, Hydrogen fluo–ride Gas, Steam	B–2, 1 (15)	70~150
	Ebonol		Cone, sol, Alkaline Oxidizing Agents	Alkaline Mist, Steam	C–1	260~350
	Galvanic–Anodize	3	Ammonium Hydroxide	Ammonia Gas, Steam	B–3	140
	Hard Coating aluminum		Chromic–sulfuric Acids	Chromic Acid Mist	A–1	120~180
	Hard Coating aluminum		Sulfuric Acid	Sulfuric Acid Mist	B–1	120~180
	Jetal		Cone, sol, Alkaline Oxidizing Agents	Alkaline Mist, Steam	C–1	260~350
	Magcote	4	Sodium Hydroxide	Alkaline Mist, Steam	C–3, 2 (15)	105~212
	Magnesium Pre–Dye Dip		Ammonium Hydroxide Ammo–nium Acetate	Ammonia Gas, Steam	B–3	90~180
	Parkerizing	1	Boiling Water	Steam	C–2, 1 (14, 15)	140~212
	Zincete Immersion	5	None	None	D–4	70~90
Etching	Aluminum		Sodium Hydroxide–Soda Ash Trisodium Phosphate	Alkaline Mist, Steam	C–1	160~180
	Copper	6	Hydrochloric Acid	Hydrogen Chloride Gas	A–2	70~90
	Copper	7	None	None	D–4	70

Picking	Aluminum		Nitric Acid	Nitrogen Oxide Gases	A-2	70~90
	Aluminum		Chromic, sulfuric Acid	Acid Mists	A-3	140
	Aluminum		Sodium Hydroxide	Alkaline Mist	C-1	140
	cast iron		Hydrofluric-Nitric Acids	Hydrogen Fluride Nitro-gen Oxide Gasses	A-2, 1 (15)	70~90
	Copper		sulfuric Acid	Acid Mist, Steam	B-3, 2 (15)	125~175
	Copper	8	None	None	d-4	70~175
	duralumin		Sodium Fluoride, Sulfuric Acid	Hydrogen Fluride Gas, Acid Mist	A-3	70
	Inconel		Nitric, Hydrofluoric Acids	Nitrogen Oxide, HF Gas-ses, Steam	A-1	150~165
	Inconel		Sulfuric Acid	Sulfuric Acid Mist, Steam	B-2	160~180
	Iron and Steel		Hydrochloric Acid	Hydrogen Chloride Gas	A-2	70
	Iron and Steel		Chromic-sulfuric, Nitric Acids	Sulfuric Acid Most, Steam	B-1	70~175
	Magnesium		Hydrochloric Acid	Nitrogen Oxide Gases, Acid Mist, Steam	A-2	70~180
	Monel and Nickel		Sulfuric Acid	Hydrogen Chloride Gas, Steam	A-2	180
	Monel and Nickel		Sulfuric Acid	Sulfuric Acid Mist, Steam	B-1	160~190
	Nickel Silver			Acid Mist, Steam	B-3, 2 (15)	70~140
	Silver		Sodium Cyanide	Cyanide Mist, Steam	C-3	70~210
	Stainless Steel	9	Nitric, Hydrofluoric Acids	Nitrogen Oxide, Hydro-gen Fluoride Gases	A-2	125~180
	Stainless Steel	9, 10	Hydrochloric Acid	Hydrogen Chloride Gas	A-2	130~140
	Stainless Steel	9, 10	Sulfuric Acid	Sulfuric Acid Mist, Steam	B-1	180
	Stainless Steel Immunization		Nitric Aicd	Nitrogen Oxide Gases	A-2	70~120
	Stainless Steel Passivation		Nitric Aicd	Nitrogen Oxide Gases	A-2	70~120
Acid Dipping	Aluminum Bright Dip		Phosphoric, Nitric Acids	Nitrogen Oxide Gases	A-1	200
	Aluminum Bright Dip		Nitric, Sulfuric Acids	Nitrogen Oxide Gases, Acid Mist	A-2, 1 (15)	70~90
	Cadmium Bright Dip		None	None	D-4	70
	Copper Bright Dip		Nitric, Sulfuric Acids	Nitrogen Oxide Gases, Acid Mist	A-2, 1 (15)	70~90
	Copper Semi-Bright Dip		Sulfuric Acid	Acid Mist	B-2	70
	Copper Alloys Bright Dip		Nitric, Sulfuric Acids	Nitrogen Oxide Gases, Acid Mist	A-2, 1 (15)	70~90
	Copper Matte Dip		Nitric, Sulfuric Acids	Nitrogen Oxide Gases, Acid Mist	A-2, 1 (15)	70~90
	Magnesium Dip		Chromic Acid	Acid Mist, Steam	A-2	190~212
	Magnesium Dip		Nitric, Sulfuric Acids	Nitrogen Oxide Gases, Acid Mist	A-2, 1 (15)	70~90
	Monel Dio		Nitric, Sulfuric Acids	Nitrogen Oxide Gases, Acid Mist	A-2, 1 (15)	70~90

	Nickel and Nickel Alloys Dip		Nitric, Sulfuric Acids	Nitrogen Oxide Gases, Acid Mist	A-2, 1 (15)	70~90
	Silver Dip		Nitric Acids	Nitrogen Oxide Gases	A-1	70~90
	Silver Dip		Sulfuric Acids	Sulfuric Acid Mist	B-2	70~90
	Zinc and Zinc Alloys Dip		Chromic, Hydrochloric Acids	Hydrogen Chloride Gas(If HCl-attacks Zn)	A-4, 3 (15)	70~90
Metal Cleaning	Alkaline Cleaning	11	Alkaline Sodium Salts	Alkaline Mist, Steam	C-2, 1 (15)	160~210
	Degreasing		Trichloroethylene-Per-chloroethylene	Trichloroethylene-Perchloroethylene Vapors	B(16)	188~250
	Emulsion Cleaning		Petroleum-Coal Tar Solvents	Petroleum-Coal Tar Vapors	B-3, 2 (15)	70~140
	Emulsion Cleaning		Chlorinated Hydreocarbons	chlorinated Hydrocarbon Vapors	(17)	70~140

주해설명 : 1. Also Aluminum Seal, Magnesium Seal, Magnesium dye Sel, Dyeing anodized Magnesium, Magnesium Alkaline Dichromate Soak, Coloring Anodized Aluminum

2. Stainless Steel before Electropolishing
3. On Magnesium
4. Also Manodyz, Dow-12
5. On Aluminum
6. dull finish
7. Ferric Chloride Bath
8. Sodium dichromate, Sulfuric Acid Bath and Ferrous Sulfate, Sulfuric Acid Bath
9. Scale Removal
10. Scale Loosening
11. Soak and Electrocleaning
12. 표 2-10과 2-11 및 2-12에 의거한 크라스임
13. 수소가스도 방출됨
14. 스팀이 완전히 제어되는 경우의 비유임
15. 온도범위가 높으면 비율도 높아짐
16. 증기 그리스제거기에 대하여는 운전절차로서 비율결정함
17. 탄화수소류의 특징에 따라 운전크라스를 결정함

[표 2-15] **전기도금작업 시에 방출되는 공기 내 함유 오염물질**

프로세스	작업형태	주해설명	대기로의 방출물질(19)	방출물질형태	크라스 (18)	온도범위 (°F)
Electro-Polishing	Aluminum	1	Sulfuric, Hydrofluoric Acids	Acid Mist, Hydrogen Fluoride Gas, Steam	A-2	140~200
	Brass, Bronse	1	Phosphoric Acid	Acid Mist	B-3	68
	Copper	1	Phosphoric Acid	Acid Mist	B-3	68
	Iron	1	Sulfuric, Hydrochloric, perchloric Acids	Acid Mist, Hydrogen Chloride Gas, Steam	A-2	68~175
	Monel	1	Sulfuric Acid	Acid Mist, Steam	B-2	86~160
	Nickel	1	Sulfuric Acid	Acid Mist, Steam	B-2	86~160
	Stainless Steel	1	Sulfuric, Hydrofluoric, Chromic-Acid	Acid Mist, Hydrogen Fluoride Gas, Steam	A-2, 1 (20)	70~300
	Steel	1	Sulfuric, Hydrochloric, Perchloric Acids	Acid Mist, Hydrogen Chloride Gas	A-2	68~175

Strike Soutions	Copper		Cyanide Salts	Cyanide Mist	C–2	70~90
	Silver		Cyanide Salts	Cyanide Mist	C–2	70~90
	Wood's Nickel		Nickel Chloride, Hydrochloric Acid	Hydrogen Chloride Gas, Chloride Mist	A–2	70~90
Electroless Planting	Copper		Formaldehyde	Formaldehyde Gas	A–1	75
	Nickel	2	Ammonium Hydroxide	Ammonia Gas	B–1	190
Electroplating Allc–aline	Platinum		Ammonium Phosphate, Amm–onium Gas	Ammonia Gas	B–2	158~203
	Tin		Sodium Stannate	Tin Salt Mist, Steam	C–3	140~170
	Zinc	3	None	None	D–4	170~180
Electroplating	Cadmium		Fluoborate Salts	Fluborate Mist, Steam	C–3, 2 (20)	17~170
Fluoborate	Copper		Copper Fluborate	Fluborate Mist, Steam	C–3, 2 (20)	70~170
	Indium		Fluborate Salts	Fluborate Mist, Steam	C–3, 2 (20)	70~170
	Lead		Lead Fluborate Fluoboric Acid	Fluborate Mist, Hydrogen Fluoride Gas	A–3	70~90
	Lead–Tin Alloy		Lead Fluborate Fluoboric Acid	Fluborate Mist	C–3, 2 (20)	70~100
	Nickel		Nickel Fluborate	Fluborate Mist	C–3, 2 (20)	100~170
	Tin		Stannous Fluborate, Fluoboric Aicd	Fluborate Mist, Steam	C–3, 2 (20)	70~100
	Zinc		Fluborate Salts		C–3, 2 (20)	70~170
Electroplating Cya–nide	Brass, Bronze	4,5	Cyande Salts, Ammonium Hy–droxide	Cyanide Mist, Ammonia Gas	B–4, 3 (20)	60~100
	Bright Zind	5				70~120
			Cyanide Salts, Sodium Hydro–xide	Cyanide, Alkaline Msts	C–3	
	Cadmium	5				70~100
	Copper	5, 6	None	None	D–4	70~160
	Copper	5, 7	None	None	D–4	110~160
			Cyanide Salts, Sodium Hydro–xide	Cyanide, Alkaline Msts, St–eam	C–2	
	Indium	5				70~120
			Cyanide Salts, Sodium Hydro–xide	Cyanide, Alkaline Msts	C–3	
	Silver	5				72~120
	Tin–Zine Alloy	5	None	None	D–4	120~140
			Cyanide Salts, Potassium Hy–droxide	Cyanide, Alkaline Msts,St–eam	C–3, 2 (20)	
	White Alloy	5, 8				120~50
	Zinc	5, 9	Cyanide Salts, Sodium Stannate	Cyanide, Alkaline Msts	C–3	70~120
			Cyanide Salts, Sodium Hydro–xide	Cyanide, Alkaline Msts	C–3, 2 (7)	
Electroplating	Chromium		Chromic Acid	Chromic Acid Mist	A–1	90~140

Acid	Copper	10	copper Sulfate, Sulfuric Acid	Sulfuric Acid Mist	B-4, 3 (20, 21)	75~120
	Indium	12	None	None	d-4	70~120
	Indium	12,14	Sulfamic Acid, Sulfamate Salts	Sulfamate Mist	C-3	70~90
	Iron		Chloride Salts, Hydrochloric Acid	Hydrochloric Acid Mist, Steam	A-2	190~210
	Iron	12	None	None	D-4	70~20
	Nickel	3	Ammonium Fluoride, Hydro-fhsoric Acid	Hydrofluric Acid Mist	A-3	102
	Nickel and black Nickel	12,15	None	None	C-4 (22)	70~150
	Nickel	9,12	Nickel Sulfate	Nickel Sulfate Mist	B-2	70~90
	Nickel	13,14	Nickel Sulfamate	Sulfamate Mist	C-3	75~160
	Palladium	15	None	None	D-4	70~120
	Rhodium	13,17	None	None	D-4	70~120
	Tia		Tia Malide	Halide Mist	C-2	70~90
	Tia	12	None	None	D-4	70~120
	Zinc		Zinc Chloride	Zinc Chloride Mist	B-3	75~120
	Zinc	12	None	None	D-4	70~120

주해설명 : 1. 전해조에 비소가 존재하므로 아르신이 생성될 수 있음. 2. 알카리성 전해조
3. 마그네슘 위에서 4. 구리-카드미윰의 청동일 수도 있음
5. 전해조의 표면에서는 CO_2의 산성작용으로 HCN이 발생될 수 있음 6. 시안화물 전해조임
7. 시안화물 전해조는 제외됨 8. Albaloy와 spekwhite 및 Bonwhite(구리, 주석, 아연의 합금물)
9. 불용성의 양극(anode) 잉용 10. 90℉ 이상 11. 유기산의 전해조
12. 황산염의 전해조 13. 설파메이드 전해조 14. 공기로 교반함 15. 염화의 전해조
16. 질산염의 전해조 17. 인산염의 전해조 18. 유해준위와 방출율로에 의거한 크라스임
19. 수소가스도 방출됨 20. 온도범위가 높아지면 비율도 높아짐
21. 전류밀도 $45 amps/ft^2$ 이상 및 온도 140℉ 이상인 전해조임
22. 수증기의 제어에는 국소배기가 바람직함

[표 2-16] 스트리핑 공정에서 방출되는 공기 내 함유 오염물질

스트리핑할 코팅물	기부금속 (주해)	대기로의 전해조의 방출물질(f)	오염물질의 특성	크라스 (e)	온도범위 (℉)
Anodixed Coatings	1, 7	Chromic Acid	Acid Mist, Steam	A-2	120~200
Black Oxide Coatings	14	Hydrochloric Acid	Hydrogen Chloride Gas	A-3, 2(g)	70~125
Brass Brass Brass	8, 14 (a)	Sodium Hydroxide, Sodium Cyanide	Alkaline, Cyanide Mists	C-3, 2(g)	70~90
Cadmium	8, 14 (a)	Sodium Hydroxide, Sodium Cyanide	Alkaline, Cyanide Mists	C-3, 2(g)	70~90
	2, 4, 14	Hydrochloric Acid	Acid Mist, Hydrogen Chloride Gas	A-3, 2(g)	70~90
Chromium	7, 8, 14 (a)	Sodium Hydroxide	Alkaline Mist, Steam	C-3	50~150
	2, 4, 8, 14	Hydrochloric Acid	Hydrogen Chloride Gas	A-2	70~125
	2, 4, 8, 18 (a)	Sulfuric Acid	Acide Mist	B-2	70~90

Copper	8, 14		Sodium Hydroxide, Sodium Chanide	Alkaline, Cyanide Mists	C-3, 2(e)	70~90
	7, 12, 14	(b)	None	None	D-4	70~90
	14	(a)	Alkaline Cyanide	Cyanide Mist	C-3, 2(g)	70~160
	1		Nitric Acid	Nitrogen Xoide Gases	A-1	70~120
	18	(a)	sodium Hydroxide-Sodium Sulfide	Alkaline Mist, Steam	C-2	185~195
Gold	4, 5, 8, 9, 14	(a)	Sodium Hydroxide, Sodium Cyanlde	Alkaline, Cyanide Mists	C-3, 2(g)	70~90
	4, 5, 18	(a)	Sulfuric Acid	Acide Mist	B-3, 2(g)	70~90
	4, 5, 18	(a)	Sulfuric Acid	Acide Mist	B-3, 2(g)	70~100
Lead	13	(c)	Acetic Acid, Hydrogen Perxide	Oxygen Mist	D-3	70~90
	14	(a), (c)	Sodium Hydroxide	Alkaline Mist, Steam	C-3, 2(g)	70~140
Nickel	2, 4		Sulfuric, Mitric Acids	Nitrogen Oxide Gases	A-2, 1(g)	70~90
	2, 4	(a)	Hydrochloric Acid	Hydrogen Chloride Gas	A-3	70~90
	2, 4, 14	(a)	Sulfuric Acid	Acid Mist	B-3	70~90
	7		Hydrochloric Acid	Hydrogen Fluoride Gas	A-3, 2(g)	70~90
	14		Fuming Nitric Acid	Nitrogen Oxide Gases	A-1	70~90
		(a), (d)	Hot Water	Steam	D-2(h)	200
	1, 18, 19	(a)	Sulfuric Acid	Acid Mist, Steam	B-3, 2(g)	70~150
Phosphate Coatings	15		Chromic Acid	Acid Mist, Steam	A-3	165
	16		Ammonium Hydroxide	Ammonal Gas	B-3, 2(g)	70~90
Rhodium	10		Sulfuric, Hydrochloric Acids	Acid Mist, Hydrogen Chloride Gas	A-3, 2(g)	70~100
Sliver	1		Nitric Acid	Nitrogen Oxide Gases	A-1	70~90
	2, 11		sulfuric, Nitric Acid	Nitrogen Oxide Gases, Steam	A-1	180
	8, 14	(a)	Sodium Hydroxide, Sodium Cyanide	Alkaline, Cyanide Mists	C-3	70~90
	17	(a)	sodium Cyanide	Cyanide Mist	C-3	70~90
Tin	2, 3, 4		Ferric Chloride, Copper Sulfate, Acetic Acid	Acid Mist	B-4, 3(g)	70~90
		(a)	Sodium Hydroxide	Alkaline Mist	C-3	70~90
	2, 4, 14		Hydrochloric Acid	Hydrogen Chloride Gas	A-3, 2(g)	70~90
	14	(a)	Sodium Hydroxide	Alkaline Mist, Steam	C-2	70~200
Zinc	1		Nitric Acid	Nitrogen Oxide Gases	A-1	70~90
	8, 14		Sodium Hydroxide, Sodium	Alkaline, cyanide Mists	C-3	70~90

- 기부금속(base metal)의 주해 : 1. 알루미늄, 2. 황동, 3. 청동, 4. 구리, 5. 구리합금, 6. 철금속, 7. 마그네슘, 8. 니켈, 9. 니켈합금, 10. 니켈도금황동, 11. 니켈은, 12. 비철금속, 13. 은, 14. 강철, 15. 강철(망간형 코팅), 16. 강철(아연형 코팅), 17. 싸구려 모조은, 18. 아연, 19. 아연기부의 다이주물(die casting)
- 주해설명 : (a) 전기분해 프로세스, (b) 위의 14항 참조, (c) 납합금도 포함됨, (d) 질산나트륨 전해조, (e) 유해준위와 방출율에 의거한 크라스임, (f) 수소가스도 방출가능함, (g) 온도범위가 높으면 비율도 높음, (h) 스팀의 완전한 제어가 필요한 경우의 비율임, 그렇지 않으면 전체환기로서도 충분함

12 특수한 경우의 송풍량 산출

(1) 페인트 작업실의 경우

$Q = 100\text{CFM/feet}^2$

Q : 송풍량CFM
feet^2 : 도장실의 단면적이 150feet^2 미만인 경우

$Q = 50\text{CFM/feet}^2$

Q : 송풍량CFM
feet^2 : 도장실의 단면적이 150feet^2 미만인 경우

(2) 건조실의 경우

1) Slot Hood의 경우

- 연소 생성물은 실제 습연소 가스량을 의미한다.
- 간접 열전달 방식은 연소 생성물이 없으므로 제외한다.

$Q = 100\text{CFM/feet}^2 +$ 연소 생성물의 50%

Q : 송풍량CFM(feet^3/min)
feet^2 : 개구문의 면적

2) Canopy Hood의 경우

- 연소 생성물은 실제 습연소 가스량을 의미한다.
- 간접 열전달 방식은 연소 생성물이 없으므로 제외한다.

$Q = 200\text{CFM/feet}^2 +$ 연소 생성물의 50%

Q : 송풍량CFM(feet^3/min)
feet^2 : 개구문의 면적

문제 Heater에 의한 간접 열전달 방식으로 건조하는 장치에서 Hood는 Canopy Hood를 장착 했다. Hood의 개구 면적 30feet²라면 송풍량은 몇 m^3/min이 되는가?

풀이 Q=200CFM/feet² + 연소 생성물의 50%

Q=200CFM/feet² + 연소 생성물의 50%(간접 열전달 방식으로 연소 생성물은 제외)
=200CFM/feet² × 30feet² = 6,000feet³/min ≒ 170m³/min(1Feet = 0.3048m)

(3) 하 · 폐수처리장

1) 침사지

- 침사지(스크린) : $10m^3/m^2.hr$ (수면적/m^2)
- 침사지 기계실 : 7회/hr
- 기본적으로 open area(m^2) × 0.6m/sec 이상

2) Hopper

- 환기량 : 7회/hr
- open area(m^2) × 0.6m/sec 이상

※ 상기 2안 중 택일

3) 침사 콘베어

- 환기량 : 7회/hr
- open area(m^2) × 0.6m/sec 이상

※ 상기 2안 중 택일하고 흡인 duct는 10m당 1개소로 한다.

4) Skip 호이스트

- 환기량 : 21회/hr(침사지실의 3배)
- open area(m^2) × 0.6m/sec 이상

5) 최초 침전지

- 환기량 : $2m^3/m^2.hr$(수면적/m^2)

- 일반환기 : 10m^2/m^3.hr

6) 반응 tank

- 환기량 : air공급량×1.1 이상

7) 오니 저장, 농축 tank

- 환기량 : air공급량×1.1 이상
- 환기량 : 3m^3/m^2.hr(수면적/m^2)

8) 탈수기실

- 벨트 프레스(점검 장소 포함하여 밀폐)

  송풍량 : 내용적 m^3×0.5×7회/hr, 배기구는 4개소/1대당
- 원심 탈수기, 벨트 프레스(기계 본체만 밀폐)

  송풍량 : 내용적 m^3×0.5×2회/hr, 배기구는 4개소/1대당
- 탈수기 하부 콘베어실 : 내용적 m^3×3회/hr
- 케이크 콘베어

  환기량 : 7회/hr, open area(m^2)×0.6m/sec 이상

  ※ 상기 2안 중 택일하고 흡인 duct는 10m당 1개소로 한다.
- 케이크 호퍼

  환기량 : 7회/hr, open area(m^2)×0.6m/sec 이상

  ※ 상기 2안 중 택일
- 가압 탈수기, 진공 탈수기

  커버는 원심 탈수기, 벨트 프레스에 준한다.

  송풍량은 실내 환기의 3배 정도로 한다.

9) 폭기수조

- 환기량 : air공급량×1.1 이상

10) 기계식 농축기

– 원심 농축기

송풍량 : 내용적 $m^3 \times 0.5 \times 2$회/hr, 배기구는 4개소/1대당 환기량

– 기타 형식

환기량 : $3m^3/m^2.hr$(수면적/m^2)

(4) 약품저장 탱크

– 약품저장 탱크는 가동 중과 약품주입 시로 나뉘어 산정한다.

– Hood 직결형의 경우는 증기압을 크게 하여 약품손실로 이어질 수 있다. 특히 산화성 탱크(NaOCl 등)에는 심화될 수 있다.

– 연결 방법은 다음과 같다.

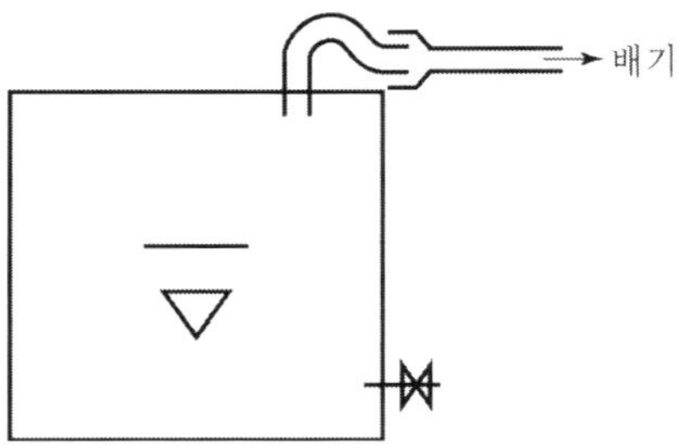

[그림 2-12] **약품저장 탱크**

1) 약품주입 시

$Q(m^3/min) =$ 펌프 주입량$(m^3/min) \times 1.2$

2) 운전 중

$Q =$ 증발속도$(m^3/m^2\ min) \times$ 단면적$(m^2) \times 1.2$

CHAPTER

03

송풍관 (Duct)

CONTENTS

SECTION 01 | 개요

(1) 후드에서 송풍량을 결정한 후 유해물질을 함유한 가스를 목적하는 장소까지 이동되는 통로를 의미한다.

(2) 송풍관 내에 침적되지 않도록 반송 속도를 결정해야 하고 너무 빠르면 에너지 손실 및 재질의 마모 현상이 발생하므로 적정한 속도를 유지하는 것이 중요하다. 가능하면 각형보다 원형을 하는 것이 바람직하다.

SECTION 02 | Duct의 구성 지침

(1) 압력손실을 줄이기 위해 가능한한 단거리로 하며 굴곡이 적은 직선모양으로 한다.

(2) 연결부에 장애물이 없도록 하고 내부에 돌출부가 있으면 안 된다. 돌출부는 압력손실을 크게 할 뿐만 아니라 먼지 및 응축액이 고이게 되어 먼지 폭발 및 부식을 야기한다.

(3) 덕트 내부에 침전물이 생성되지 않도록 반송 속도를 유지하고 연결 부분에는 점검구를 설치하여 유지보수가 용이하도록 한다.

(4) 먼지의 퇴적 방지로 "1/100" 하향 구배를 한다.

(5) 곡관의 곡률 반경은 R=1.5D～2D로 하고 최하 1.2D 이상으로 한다.

(6) 송풍관의 단면은 급격한 변화를 피하고 분지관 숫자를 적게 한다.

(7) 과습 기류가 유입되는 경우 혹은 기타 응축수가 발생될 우려가 있는 경우, 송풍관 내에 응축수 trap을 반드시 설치한다.(주 : 응축 수량이 너무 적어 증발속도가 빠른 경우는 응축수 trap을 통해 외부 기류가 유입될 수 있으므로 유념해야 한다.)

(8) 분지관의 연결 방법은 다음 표를 준수한다. 분지관이 2개 이상 동시에 연결되는 경

우 충돌 현상으로 압력손실의 상승 및 송풍량의 저하를 일으킨다. 또한 90도 연결은 충돌 현상의 최대치이므로 피해야 한다.

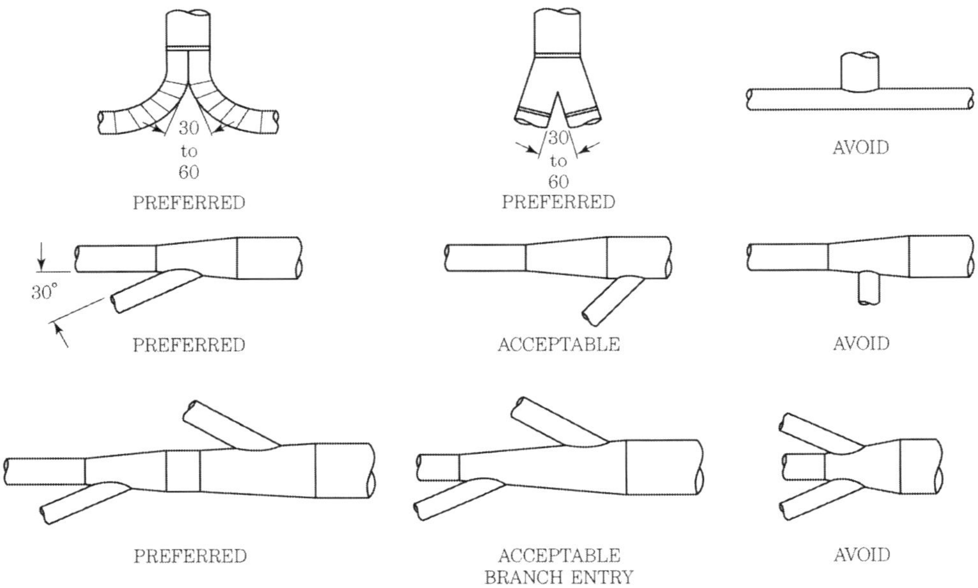

(9) 주관에 분지관을 연결할 경우에 바닥면에 연결하는 것은 자칫 생산제품의 불량을 초래할 수 있다. 원인은 송풍관 내의 응축수 또는 입자가 주변의 다른 분지관을 통해 낙하할 수 있다. 따라서 옆면에 연결하는 것이 양호하다.

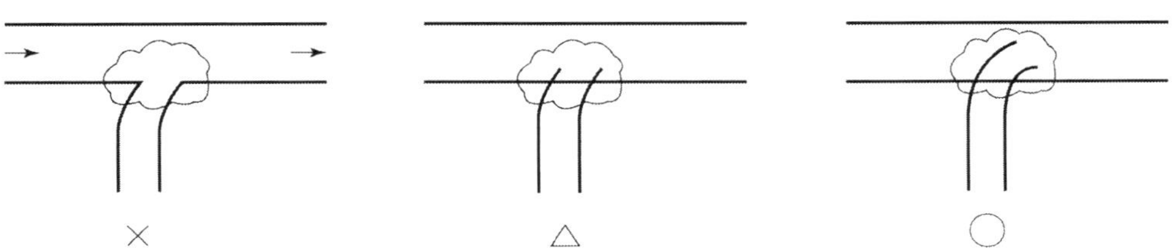

SECTION 03 | Duct 크기의 결정

후드 크기의 결정 및 송풍량이 결정되면 다음은 송풍관의 설계에 이르며 송풍관의 크기는 반송속도에 의해 결정된다. 다음 식은 유체 1법칙으로 Duct에 국한되지 않고 모든 유체에 적용되는 식이다.

$$Q(\text{송풍량m}^3/\text{min}) = 60\text{sec/min} \times \text{반송속도(m/sec)} \times \text{관 단면적(m}^2)$$

송풍량은 Hood에 정해져 있기 때문에 반송속도가 커지면 관이 작아지고 반송속도가 작아지면 관이 커지게 된다.

- 반송속도가 빠를 경우 : 입자상 물질이 다량 유입되는 경우에 관벽에 마모현상이 올 수 있으며 압력손실이 커지게 되며 운영비가 상승하게 된다.
- 반송 속도가 너무 느린 경우 : 입자상 물질, 응축수에 의한 Duct하단부에 침적현상을 초래할 수 있으며 차지하는 공간이 많아 동선에 피해를 줄 수 있고 시공비가 많이 소요된다.
- Duct의 크기는 장, 단점을 고려하여 적정 속도와 적정 크기를 선정해야 한다.

SECTION 04 | 반송속도

송풍관 내에 입자상 물질이 침적되지 않을 정도의 최소의 이송 속도를 의미하며 영문으로 Transport Velocity라 칭한다. 그러나 송풍관이 긴 경우 일정 거리 이상에서는 쌓이는 구조 일 수밖에 없으며 이런 구간에는 청소가 가능한 점검구가 필요하다.

- 반송속도 ≥ (침강속도×50～200배수 이상)
- 침강속도 : Ug(침강속도)는 항력과 중력에 의해 결정되므로 동일한 것으로 간주하고 유도된다.

$$3\pi\mu d\, Ug = (\pi/6)d^3 \times (\rho p - \rho) \times g$$

$$Ug = [(\pi/6)d^3 \times (\rho p - \rho) \times g] \div [3 \times \pi \times \mu \times d] = \frac{d^2 \times (\rho p - \rho) \times g}{(18\mu)}$$

μ : 유체의 점성계수(kg/m.sec), 입자상 물질을 함유하고 있는 유체
d : 입경(m)
Ug : 침강속도(m/sec)
ρp : 입자의 밀도로 액체인 경우는 액체의 밀도, 고체상 물질의 경우는 고체의 겉보기 밀도 사용(kg/m^3)
ρ : 유체의 밀도로 유체는 기체일 수도 있고 물에서는 액체일 수 있다.(kg/m^3)
g : 중력가속도(m/sec^2)

- 낙하지점 예측

$$(Ug/V) = (H/L)$$

$$L = (V \times H/Ug) \quad \text{(식 3.1)}$$

L : 낙하지점 길이(m)
V : 반송속도(m/sec)
H : Duct내부 입자상 물질의 위치, 높이(m)
Ug : 침강속도(m/sec)

- 입자의 크기가 다양하여 정확한 침강 속도의 예측이 어렵다. 따라서 경험과 이론에 의해 정립된 다음의 반송 속도를 이용한다.

[표 3-1] **일반적인 반송속도**

오염물질	예	반송속도(m/s)
가스, 증기, 미스트	각종가스, 증기, 미스트(mist)	5~10
흄, 매우 가벼운 건조분진	산화아연, 산화알루미늄, 산화철 등의 흄(fume), 나무, 고무, 플라스틱, 면 등의 미세한 분진	10
가벼운 건조분진	원면, 곡물분, 고무, 플라스틱, 톱밥 등의 분진, 버브(buff) 연마분진, 경금속분진	15
일반 공업분진	털, 나무부스러기, 대패부스러기, 샌드블라스트, 글라인더분진, 내화벽돌분진	20
무거운 분진	납분진, 주물사, 금속가루분진	25
무겁고 습한 분진	습한 납분진, 철분진, 주물사, 요업재료	25 이상

SECTION 05 강도계산

1 원형관의 압력별 최소 크기

(1) 미국 ASME B－31.3(304.1.－304.2.1)식

$$\text{두께 } t = \frac{P \times D}{2[(S \times E) + (P \times Y)]} \qquad \text{(식 3.2)}$$

Y : 0.4
P : 설계압력(kgf/cm^2)
S : FRP 최대허용인장응력(적층품일 때)(kgf/cm^2)
E : 1.0
D : 내경지름(cm)

(2) KS에 의한 허용인장 응력식

$$\text{두께 } t = \frac{P \times D}{2 \times \sigma} \qquad \text{(식 3.3)}$$

P : 설계압력(kgf/cm^2)
D : 내경지름(cm)
σ : 허용인장응력(kgf/cm^2)

(3) 고려 사항

상기 식에서 설계압력과 재질에 따라 달라지는 허용인장응력을 얼마로 할 것인지가 중요하다. 그 값에 따라 두께는 확연히 달라진다.

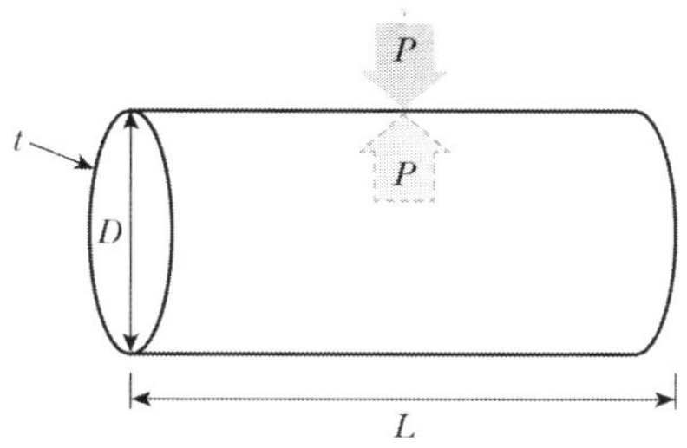

[표 3-2] 원형 FRP 관의 압력별 최소 크기

Inside Diameter (mm)	내부압력에 따른 두께(cm)/FRP		Remarks
	5 kgf/cm²	10 kgf/cm²	
400A	0.5	1.0	
500A	1.0	1.5	
800A	1.0	2.0	
900A	1.5	2.5	
1000A	1.5	2.5	
1100A	1.5	3.0	
1200A	1.5	3.0	
1400A	2.0	3.5	

❷ 각형관의 압력별 최소 크기

(1) 설계이론

각형의 강도 및 두께 계산은 프로그램에 의한 계산이 용이하고 정확하다. 본 식에서는 일본의 타키론 엔지니어링사의 약식계산 방법을 이용하여 계산 방법을 제시하였으며 이는 일본의 GIS규정에 의해 사용되는 설계 방법이다. 장폭계수와 α에 의해 결정되며 내압과 허용응력의 산출은 상기의 원형관과 동일한 방법으로 산출하며 면의 길이는 보강과 보강 부분 사이로 정한다.

(2) 설계 Data

측판부의 FRP두께는 사변 고정 등분포 하중으로 한다.

a/b	α	β
1	0.308	0.0138
1.1	0.348	0.0164
1.2	0.383	0.0188
1.3	0.412	0.0209
1.4	0.436	0.0226
1.5	0.454	0.0241
1.6	0.468	0.0251
1.7	0.479	0.0261
1.8	0.487	0.0268
1.9	0.493	0.0272
2	0.497	0.0277
∞	0.5	0.0284

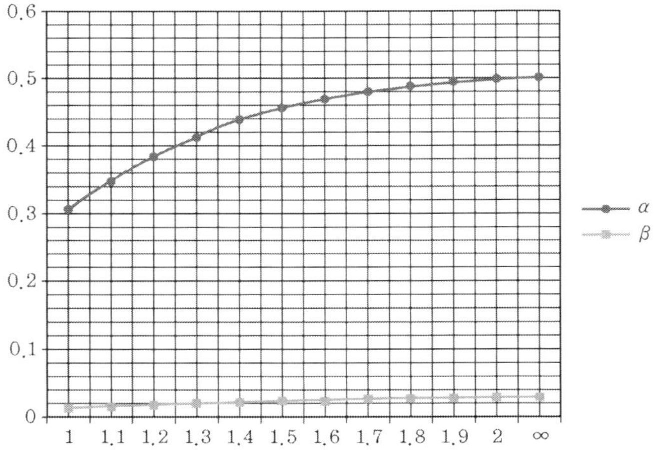

a : 장변(mm), b : 단변(mm)

[그림 3-1] **장폭비에 의한 factor**

$$\text{두께 } t = b \times (\alpha \cdot p/\delta)^{0.5} \quad \text{(식 3.4)}$$

α : 상기 상수
p : 내압(kgf/cm^2)
b : 폭(cm)
δ : 허용 응력(kgf/cm^2)

SECTION 06 송풍관의 재질 비교표

분류	내산성	내알카리성	내열성	내압강도	마모도	가격	용도
PVC VG_1	◎	◎	×	○	×	○	액체
PVC VG_2	◎	◎	×	×	×	◎	기체
PE	◎	◎	△	○	○	○	액, 기
PP	◎	◎	△	○	○	△	액, 기
FRP	○	◎	○	◎	○	×	액, 기
CS	×	×	◎	◎	◎	◎	액, 기
STS	×	◎	◎	◎	◎	×	액, 기
콘크리트	×	×	◎	◎	◎	○	액
ZN	×	×	○	×	×	◎	환기
Rubber	×	×	×	×	×	◎	가설

◎ : 아주 우수, ○ : 우수, △ : 보통, × : 불량

1 재질 선정 방법

- 오염물질의 종류를 고려한다.(금속계와 고분자계 결정)
- 내산, 내알카리성을 고려, 가스상 오염물질의 경우는 부식성을 감안하여 결정
- F화합물의 유입 여부 검토(F화합물의 유입은 FRP의 주성분인 유리섬유를 용해)
- 설치 장소의 실내, 실외의 검토(실외의 경우 PVC는 자외선 경화로 인한 파손, 변색 우려)
- 압력손실의 크기 판단, PVC VG_2는 가격, 시공성에서 우수하지만 압력에 취약하다.
- 오염물질 속에 입자상 물질이 함유된 경우는 먼지에 의한 마모도를 고려

2 부속품

- 고분자계 Duct의 연결 부위는 용접식 보다 열융착식을 하는 것이 바람직하다. 압력 손실이 큰 경우에 용접식은 약한 면을 보인다. 따라서 접합은 열융착식으로 하고 외부에 bolt type으로 한다.
- 고분자계 Duct에서 열융착이나 용접을 하지 않는 경우는 Flange type으로 하되 Gasket은 필히 Teflon을 사용해서 견고하게 해야 한다. Teflon을 사용하지 않으면 경화 또는 부식에 의해 누수될 염려가 있다.
- Bolt는 스텐레스제 이상으로 견고하게 해야 한다.
- 금속계 Duct는 용접식은 자칫 하자가 될 가능성이 있으므로 Flange type으로 하되 과거에는 Gasket으로 석면을 사용했으나 1급 발암물질로 사용을 금하고 다소 고가이지만 Teflon을 사용한다.
- 단순 환기 목적인 경우 함석판을 많이 사용했고 현재도 사용하고 있다. 더구나 원형이 아닌 각형을 사용하고 있다. 강도에 유념하지 않으면 변형이 갈 수가 있으므로 보강에 철저히 주의해야 한다.

SECTION 07 캔버스

송풍기는 회전체의 특성으로 진동이 발생 될 수밖에 없다. 따라서 전, 후에 진동을 차단하기 위해 Flexible을 연결, 설치한다.

1 선정 시 고려 사항

(1) 캔버스 종류

- PP : 내약품성은 강하지만 열에 약하고 자외선에 약하며 가격이 저렴하다.
- 코팅용 부직포 : 내약품성에 약하고, 압력에 강하며 고온에 사용 가능하다.
- 석면 : 가격, 자외선, 강도에 모두 저항성을 갖고 있지만 1급 발암성 물질로 사용 불가하다.
- PVC : 내약품성은 강하지만 열에 약하고 자외선에 약하며 가격이 저렴하다. 폐기물처리에 어려움이 있다.
- Al , STS : 일반적으로 먼지 처리용에 적합하며 내압에 저항성이 있다. 고온에 적합하며 내약품성에 약하다.
- Teflon : F계열로 모든 면에서 우수하지만 고가이다.

(2) 설치 방법

- Flexible의 길이가 길거나 짧지 않도록 적절하게 해야 한다. 유효정압이 높은 경우 과다하게 길면 변형 및 협착이 발생할 수 있고 너무 짧으면 일부 진동이 전달될 수 있다. 짧은 경우에는 협착면에서는 안전하지만 정압이 높으면 회전수가 많아져 진동이 크게 작용하여 전달되는 어려움이 생길 수 있다. 이런 경우는 약간 길게 설치하면서 지지대(보강)를 하여 설치하거나 짧게 2단으로 분리, 설치하는 방법이 있다.

- Flexible 연결 부위가 압력에 의해 파손되는 경우가 발생하므로 보강을 하여 견고하게 설치해야 하며 찢겨질 경우에는 안전사고로 이어질 수 있다.
- Flexible의 위치는 최대한 송풍기에 근접해야 하며 기본적으로 입구와 출구에 각각 설치한다.
- Flexible에 응축수가 쌓이는 경우가 발생하므로 5도 정도 하향구배를 하는 것이 바람직하다.

SECTION 08 | 환기 Duct 내에서 유체이동에 의한 소음 저감법

기계식 환기장치는 송풍기를 사용하고 이동유체의 일정 이상의 속도를 함유하고 있으므로 소음과 밀접한 관계를 갖는다. 소음의 종류로는 송풍기의 기계소음과 Duct 내부의 유체 마찰소음으로 분리된다.

제거 방법으로는 기계소음은 일반 흡음룸의 설계와 동일한 방법으로 하며, 유체 이동 소음을 줄이는 방법으로는 소음기를 부착하는 방법과 단순 팽창 방법이 있다. 각각의 감쇠 기술은 다음과 같다.

1 Duct 내부에 소음기(Silencer 부착)

$$\Delta L = K \times P \times L \div S \quad \text{(식 3.5)}$$

ΔL : 감쇠값(dB)
K : $a_r - 0.1$
a_r : 잔향실법에 의한 평균 흡음 율(표 참조)
P : Duct 내부의 주장(m)
L : 흡음재 부착 길이(m)
S : Duct 내부의 단면적 $[(\pi \times D)/4]$ m²

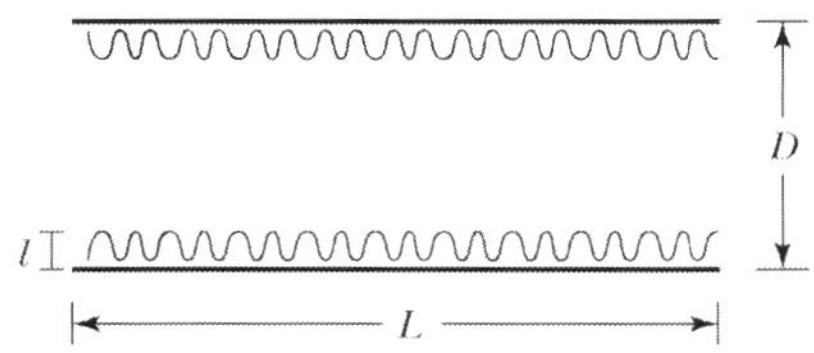

$P = (D - 2l) \times 3.14$

문제 주파수 대역별 평균 흡음 율이 0.5인 소재를 이용하여 소음을 줄이려고 한다. Duct는 직경이 500mm이고 흡음재의 두께는 20mm이다. 흡음재를 길이 방향으로 1,000mm 부착 했다면 감쇠값은 몇 dB 인가?

풀이 $\Delta L = K \times P \times L \div S$

ΔL : 감쇠값(dB)
K : 0.5 − 0.1 = 0.4
a_r : 0.5
P : Duct 내부의 주장(실제 둘레 0.5 − 0.04 = 0.46m)
$\pi \times d = \pi \times 0.46\text{m} = 1.44\text{m}$
L : 흡음재 부착 길이(1m)
S : Duct 내부의 단면적 $[(\pi \times D_2)/4]$ ㎡ = 0.2㎡

$\Delta L = 0.4 \times 1.44\text{m} \times 1\text{m} \div 0.2\text{㎡} = 2.88\text{dB}$

2 확장에 의한 투과 손실

$\Delta L = (D_2/D_1) \times 4\text{dB} = \text{dB}$ (약식에 의한 계산법)

길이(L) = λ(파장) ÷ 4

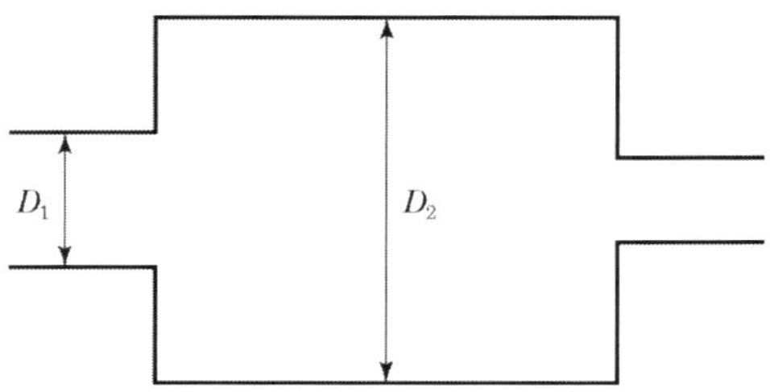

SECTION 09 설치 시 유의 사항

1 설치 방법

- Duct의 설치 시는 "1/100" 하향 구배를 원칙으로 한다.
- 처짐 현상 방지를 위해 4~5m간격으로 Support를 설치한다.
- 연결 작업 후 Duct 속에 이물질이나 잔재물이 있을 경우 안전사고의 원인이 되므로 마지막에 청소 및 점검이 필요하다.
- Bolt-Nut는 비철금속을 사용하여 유지 보수가 용이하도록 한다.
- 막힘 현상이 우려되는 부분 또는 그 외 필요 부분에는 압력계를 설치하여 송풍관 내의 이상 유무를 확인할 수 있도록 해야 한다. 정압의 확인은 의사의 청진기와 같을 정도로 중요하다. 정압이 상승하면 막힘 현상이 있거나 일정부분에 파손을 의미하는 것이다. 따라서 최초 시운전 했을 때의 상태를 기록해두는 것도 중요하다.

문제 송풍관 내에 A에서 B의 약 10m 되는 일정 구간이 있다. A의 정압이 10kgf/m², B의 정압이 30kgf/m²이었다. 그러나 1개월 후 확인 결과 A의 정압이 9kgf/m²이고 B의 정압 40kgf/m²로 변했다면 원인은 무엇이라 생각하는가?

풀이 A와 B구간 사이의 막힘 현상이 있는 것으로 보인다. 따라서 차압이 30－10＝20kgf/m²이 40－9＝31kgf/m²로 상승된 것이다.

A의 정압이 10kgf/m²에서 9kgf/m²로 작아진 것은 A와 B구간 사이의 막힘 현상으로 유속과 유량이 작아져 동압이 낮아진 것을 의미한다.

CHAPTER 04

압력과 압력손실

CONTENTS

SECTION 01 | 압력

1 개요

압력의 정의는 단위면적당 가해지는 힘으로 정의할 수 있다. 우리는 일상생활에서 느끼지 못하지만 항상 1기압(10,336 kgf/m^2, 760 mmHg)이라는 힘에 노출되어 있으며 이것을 대기압이라 정의한다. 우리가 보고 있는 모든 형상은 1기압에 대응하면서 평형압을 유지하고 있다. 만약, 외부에 힘을 가한다든가 줄이면 형상이 달라진다. 고압 air gun을 이용하여 얼굴에 압력을 가하면 형상이 달라진다. 유체의 움직임과 동일한 것이다. 유체의 움직임도 결국은 압력 차에 의한 것이다. 바람이 불고 태풍이 일어나는 원리도 압력 차이이다. 함진 기류 또는 유해성 가스를 함유하고 있는 유체 역시 압력 차이를 이용한 것으로 압력을 공급하거나 줄여주는 역할을 송풍기(Fan)가 하며 일정 힘만큼 이동 후에는 정지하게 된다. 그런 현상은 압력이 소멸되어 평형압이 이루어진 것이고 소멸된 힘이 압력손실이 된다. 따라서 송풍기를 선정할 경우에 압력손실을 계산하여 정하게 된다.

대기오염방지시설의 구성에서 압력손실은 가장 중요한 부분 중의 하나로 동력을 산정할 때 필수 요소이며 압력손실의 예측이 잘못되면 방지시설의 운전이 불가능하다. 압력손실을 이해하려면 압력에 관한 개념 이해가 필요하며 정의는 단위면적당 유체의 질량이 작용하는 힘으로 환산방법 및 표기는 다음과 같다. 단위는 각 나라별로 혹은 용도에 따라 즐겨 사용하는 단위가 있으며 우리나라를 비롯하여 아시아권은 m.k.s를 주로 사용하고 유럽, 미주 지역은 파스칼 단위를 사용하므로 환산방법의 이해가 필요하다.

$$
\begin{aligned}
\text{단위 : 1기압} &= 1\ \text{atm} = 10,332\ \text{kgf/m}^2 \\
&= 1.0332\ \text{kgf/cm}^2 = 10,332\ \text{mmH}_2\text{O} \\
&= 10,332\ \text{mmAq} = 1013\ \text{mmbar} \\
&= 760\ \text{mmHg} = 10,1253\text{Pa} \\
&= 10,1253\text{N/m}^2
\end{aligned} \quad \text{(식 4.1)}
$$

[표 4-1] **압력단위별 환산표**

	bar	kgf/cm^2	mmHg	mmH_2O	atm	Pa	lbf/in^2
bar	1	1.0179	750.06	10.197	0.9869	100000	14.5
kgf/cm^2	0.9807	1	735.56	10	0.9678	98039	14.22
mmHg	0.0013	0.0014	1	0.0136	0.0013	0.0001	2×10^{-5}
mmH_2O	0.0980	0.0999	73.554	1	1.3158	9803.9	1.422
atm	1.0133	1.0332	760	10.333	1	101325	14.7
Pa	1×10^{-5}	1×10^{-5}	0.0075	0.0001	1×10^{-5}	1	0.0001
lbf/in^2	0.0689	0.0703	0.0517	0.7031	0.0681	9896.6	1

10,332 mmH_2O가 10,332 mmAq인 것은 Aq의 의미가 영문 Aqua라는 물의 표기로 H_2O와 같은 의미로 동일하며 공학에서는 단위조작을 위해 mmH_2O 보다 kgf/m^2의 용어를 많이 사용하지만 이 또한 같은 의미이다. 다음은 같은 의미의 표기를 설명한다.

문제 물의 비중량은 1,000 kgf/m^3이다. 이때 물기둥 1 m를 올리는데 필요한 힘을 비교 계산하면 아래와 같다.

풀이 1,000 $kgf/m^3 \times 1\ m = 1,000\ kgf/m^2$(1,000 mmAq = 1,000 mmH_2O = 1 mAq)

2 분류

(1) 압력은 전압, 정압, 동압으로 분리된다. 전압은 정압과 동압을 합한 것을 총칭한다.

$$전압(Pt) = 정압(Ps) + 동압(Pv) \quad (식\ 4.2)$$

일반적인 대기압은 평형 정압으로 동압을 zero로 간주하기 때문에 전압이자 동시에 정압으로 이야기할 수 있다. 그러나 관로의 흐름에서는 정압차이에 의한 흐름으로 동압이 동시에 발생되고 있으므로 전압과 정압은 차이가 있다.

전압은 정압과 동압을 합한 것으로 total pressure(Pt)로 표기하며 동압 즉, 움직임이 없는 상태에서는 정압과 전압은 동일하다.

(2) 정압(static pressure)

Ps로 표기되며 가해지는 방향에 따라 양압(+압), 음압(−압)으로 표기하며 push 되면 양압, pull의 경우는 음압이 된다. 압력은 아래 그림과 같이 높이 눈금의 차이로 한다. 아래 그림의 U자관 속의 액체 종류에 따라 mmHg, mmH_2O 등이 된다. 송풍관 내의 공기, 파이프 속의 액체의 흐름 발생은 정압의 차이로 이루어진다. 도로의 자동차가 달리는 원인도 엔진의 출력이 정압 차이를 제공하는 것과 동일하다. 측정 방법은 정압측정용 유연호스를 일정 위치에 연결하고 그 호스를 압력게이지(U자관, 디지털 측정계 등)에 연결하며 압력게이지의 다른 한쪽은 대기 개방으로 한다. 이때 값의 차이가 정압이 되며 읽혀진 값은 대기압을 제외한 게이지 압으로 나타나며 압력은 송풍기의 위치에 의해 +압 또는 −압으로 된다. 정압의 측정은 동압과는 다르게 동일선상에서는 위치에 무관하며 이유는 정압은 어느 방향에서나 동일하기 때문이다. 고무풍선을 예로 들면 쉽게 이해할 수가 있다. 어느 부분에서나 압박을 하면 동일한 마찰 힘, 즉 압력을 갖는다. 또한 작은 풍선 2개를

합하여 큰 풍선 1개로 만들면 양은 2배가 되었지만 힘은 동일한 것을 알 수 있다. 이 논리는 압력손실을 계산함에 있어서 중요한 부분이다.

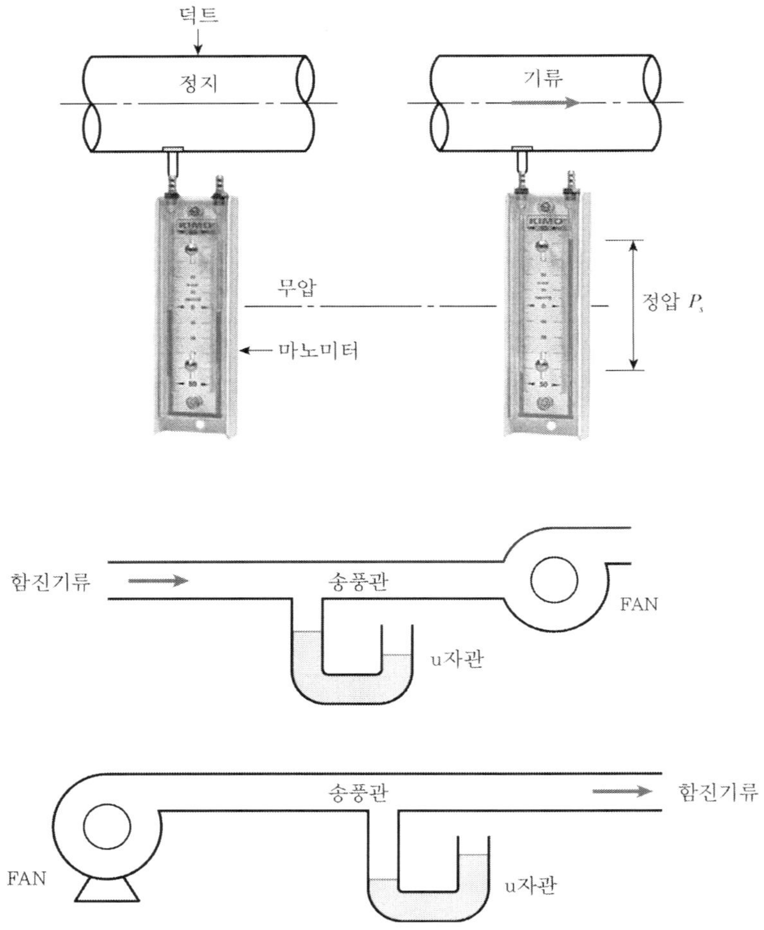

[그림 4-1] 송풍기의 후단 위치(상), 송풍기 전단 위치(하)

[그림 4-2] **정압 일정/부피 변화**

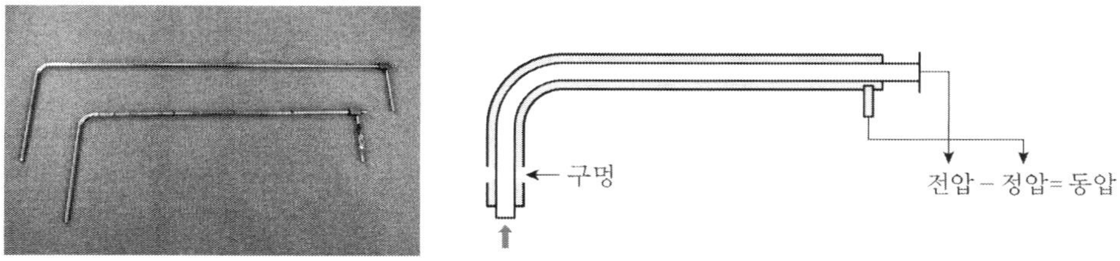

[그림 4-3] **측정용 피토관**

문제 duct관로에 좌에서 우로 A지점과 B지점이 있다. 최초 가동 시에 A지점과 B지점의 정압은 각각 20 mmH_2O, 10 mmH_2O였다. 그러나 2개월이 지난 후에 A지점은 동일하나 B지점이 5 mmH_2O로 바뀌어 있다면 원인은 무엇으로 예상되며 A지점과 B지점 사이의 손실 정압은 각각 얼마인가? 또한 송풍기는 좌편에 있는지 우편에 있는지 설명하시오.

풀이 1) 좌편이 정압이 높고 우편이 작은 것은 송풍기가 좌편에 있다는 것을 의미한다. 정압은 -압, +압에 관계없이 절댓값으로 송풍기와 가까운 쪽이 크다.

2) 최초의 압력손실 = (A - B) = (20 - 10) mmH_2O = 10 mmH_2O

2개월 후 압력손실 = (A - B) = (20 - 5) mmH_2O = 15 mmH_2O

원인은 A와 B구간의 막힘 현상으로 정압손실이 커지고 동압이 상승했다는 것이다.

(3) 동압

속도압을 의미하며 velocity pressure(Pv)로 표기하며 유체의 흐름을 예측하는데 중요한 부분이다. 동압의 발생은 정압 차에 의해 유체가 이동하면 그 이동의 속도에 의해 동압의 크기가 발생된다. 동압은 속도의 제곱에 비례한다. 동압은 동일선상에서도 위치별로 각각 다르다. 점성계수가 원인으로 작용한다.

$$Pv : \frac{\rho \times V^2}{2gc} \qquad \text{(식 4.3)}$$

ρ : 밀도(kg/m^3)

V : 속도(m/sec)

gc : 단위 환산 계수(9.8 N/kgf)

Pv(kgf/m^2) : kg/m^3 × m^2/sec^2 = kg /m sec^2 = kg m/m^2 sec^2 = N/m^2

(N/m^2)/(2 × 9.8 N/kgf) = kgf/m^2

동압의 측정 방법은 피토관과 경사마노미터를 이용하며, U자관으로도 가능하지만 비교적 미압이기 때문에 경사마노미터를 활용한다. 원리는 피토관의 이중관을 이용하여 한쪽은 전압, 다른 한쪽은 정압을 측정하며 그 차이 값이 동압이 된다. 관 내의 속도는 동일면에서도 위치에 따라 달라지며 중심부가 빠르고 벽면이 느린 흐름을 갖는다. 이런 이유로 동압은 여러 번 측정을 해서 평균값을 산정하며 정확한 동압의 측정을 위해서는 많은 경험이 필요하고 정압 측정을 동시에 하면서 근삿값을 찾는 것이 중요하다. 모든 압력손실은 동압에 비례하며 동압은 속도의 제곱에 비례하므로 유체의 흐름에서 동압은 압력손실을 예측하는 데 가장 중요한 요소이다.

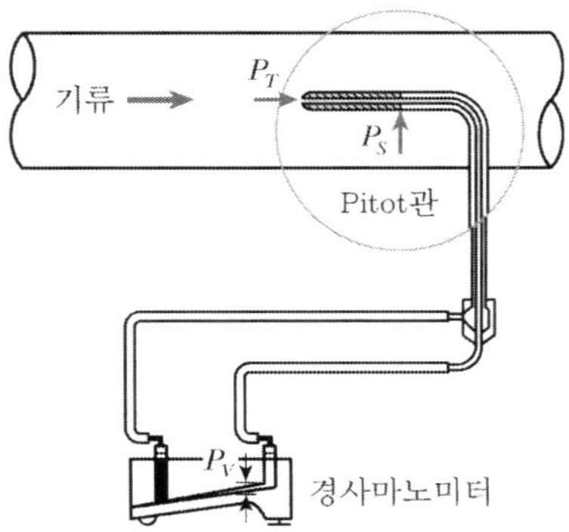

[그림 4-4] **동압측정법**

관 내 유속은 동압을 측정하여 예측하며 다음 식에 의한다.

$$V = C\left(\frac{Pv \times 2gc}{\rho}\right)^{0.5} \quad \text{(식 4.4)}$$

C : 피토관 보정계수(≒0.98~1.1)
ρ : 밀도(kg/m³), V : 속도(m/sec)
gc : 단위 환산 계수(9.8 N/kgf)
Pv : 동압(kgf/m²)

문제 관경이 200 mm원형관 내에 공기가 흐르고 있다. 이때의 동압이 5 mmH_2O이고 공기의 밀도가 1.2 kg/m^3이라면 유량은 몇 m^3/min인가?(단 피토관 계수는 1로 한다)

풀이 $Q(m^3/min) = A \times V \times 60$ sec/min

$$V = C\left(\frac{Pv \times 2gc}{\rho}\right)^{0.5}$$

C : 피토관 보정계수(≒0.98~1.1), ρ : 밀도(kg/m^3)
V : 속도(m/sec), g : 단위 환산 계수(9.8 N/kgf)

$$V = 1 \times \left(\frac{5kgf/m^2 \times 2 \times 9.8N/kgf}{1.2kg/m^3}\right)^{0.5} = 9.03 \text{ m/sec}$$

$$A = \frac{(\pi \times D^2)}{4} = \frac{(\pi \times 0.2m^2)}{4} = 0.0314 \text{ m}^2$$

$Q(m^3/min) = 0.0314\ m^2 \times 9.03\ m/sec \times 60\ sec/min = 17\ m^3/min$

SECTION 02 | 압력손실

1 개요

기류가 송풍관 내에서 흐름을 갖는 것은 힘의 균형을 가지려는 성질에 의한 것이다. 즉 기류의 이동을 위해서는 힘이 불균형을 갖도록 하는 것이며 힘의 차이가 크면 클수록 이동 속도와 이동거리가 달라진다. 그 이동은 힘이 평형상태에 도달할 때까지 이루어지며 힘의 평형이 이루어지면 기류의 흐름은 정지되고, 힘의 차이가 평형이 되면서 소멸된 힘이 압력손실이다. 결국은 기류의 이동을 위해서는 힘의 불균형을 만들어주며 기류가 이동하면서 불균형이 평형으로 도달하는데 손실된 힘으로 정의할 수 있다. 이 원리는 자동차가 도로를 달릴 때 에너지가 필요하며 그 에너지는 연료의 연소로 얻어지는 것과 같다. 즉 손실된 연료가 손실된 힘이 된다. 인류가 일상의 생활을 위해서 음식물을 섭취하는 것도 손실된 에너지와 연관이 되는 것이다. 손실되는 힘은 도로의 포장도로와 비포장도로에서 손실에너지의 크기가 다른 것처럼 송풍관 내에서도 Hood, 직선관, 휨관, 합류관, 축소관, 확대관으로 각각 분리해서 예측 가능하다. 압력손실은 동압과 손실계수에 의해 결정된다. 손실계수는 도로로 예를 들면 포장도로와 비포장도로의 차이, 휨의 정도, 연결 각의 정도, 좁아지고 넓어지는 경사도의 차이에서 달라진다. 기본적으로 압력손실은 기류속도와 직접 관련이 있으므로 유속과 동압을 확인하고 반송속도를 확인하면서 송풍관을 선정해야 한다.

압력손실의 산출 방법은 손실계수에 의한 방법과 상당길이에 의한 방법으로 분리하며 2가지의 방법 모두 사용한다. 압력손실계수에 의한 방법은 손실계수의 예측 후 동압을 반영한다. 상당길이에 의한 방법은 손실계수에 의한 예측은 동일하며 다만 곡관, 합류관 등을 직선관의 길이로 환산하여 산정한다. 그 값은 오차범위로 거의 유사하다.

그러나 상당길이에 의한 방법의 손실계수는 inch 단위임을 주의해야 한다. 즉 손실계수법으로 계산할 때는 손실계수에 25.4mm/inch를 환산한다.

전체 압력손실의 계산은, 정압은 어느 방향으로나 동일하기 때문에 복잡한 라인의 산정에서도 일직선상으로 합산하고 병렬관은 합산하지 않는다. 그러나 힘의 균형이 일치해야 원하는 송풍량이 이송되므로 중요한 부분이다. 이 원리는 음료수를 놓고 2개의 빨대로 각자 흡입을 하는 것과 마찬가지이다. 이런 경우 똑 같은 빨대로 동시에 흡입을 해도 힘의 차이가 있으면 힘이 강한 쪽이 많이 마시고 힘이 적은 쪽이 적게 마시게 된다. 어린이와 어른과의 관계가 되는 것이다.

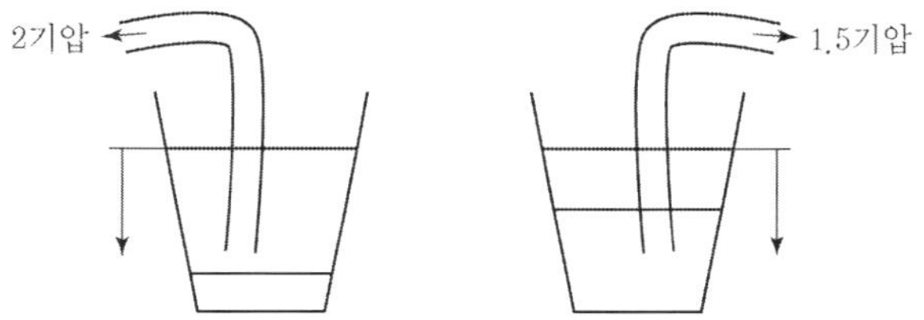

- strong 크기 동일
- 흡입시간 동일

– 공기청정기의 압력손실은 Filter 방식 : 5～10kgf/m²(초기)/≒3m/min

– 정전기 방식 : 2～5kgf/m²(초기)/≒12m/min

교체 시기에는 동일선속도에서 50배 이상 차이가 있음.

2 손실계수에 의한 압력손실 산출

(1) Hood

Hood의 종류는 다양하다. 생산기계에 부착된 Hood, 생산기계와 별개로 부착된 Hood로 형태에 따라 밀폐형, 외부식, Canopy, 하방식 등 다양하고 기류 제어방법에 따라 포촉식, 레시버식 등이 있다. Hood의 slot부분을 통과하면서 압력손실이 발생하게 되며 압력손실은 손실계수에 의해 산출된다.

$$\Delta P = f \times [(\rho \times V^2)/2gc]$$ (식 4.5)

ΔP : 압력손실(kgf/m^2)

f : Hood별 손실계수 × 25.4mmAq/inch

동압(kgf/m^2) : $(\rho \times V^2)/2gc$

ρ : 유체의 밀도(kg/m^3), V : 유체의 이동 속도(m/sec)

gc : 단위 환산 계수(9.8 N/kgf)

1) Hood별 손실계수

Hood Type	Description	Coefficient of entry, CE	Hood Entry loss(F/H)
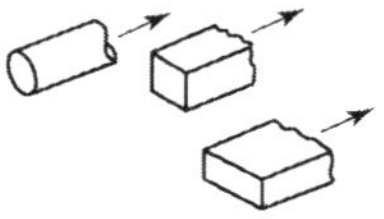	Plain opening	0.72	0.93
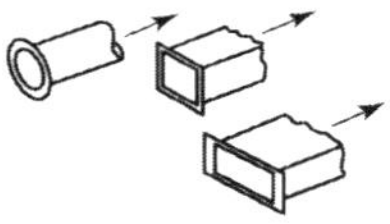	Flanged opening	0.82	0.49
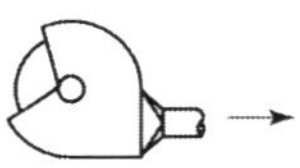	Typical grinding hood	0.78	(straigth takeoff) 0.65
		0.85	(tapered takeoff) 0.40
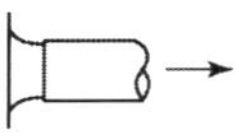	Bell mouth inlet	0.98	0.04
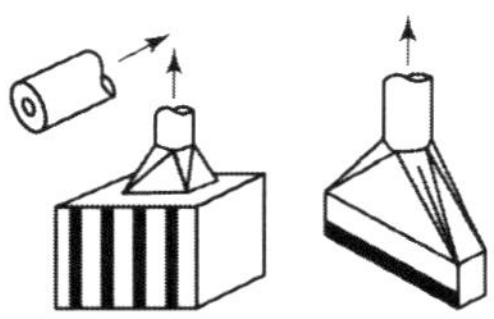	Orifice	경사각에 따른 손실계수	
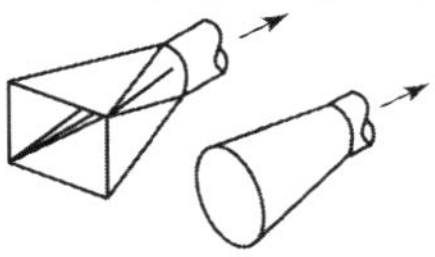	Taper or cone hood	경사각에 따른 손실계수	

2) 경사각에 따른 손실계수

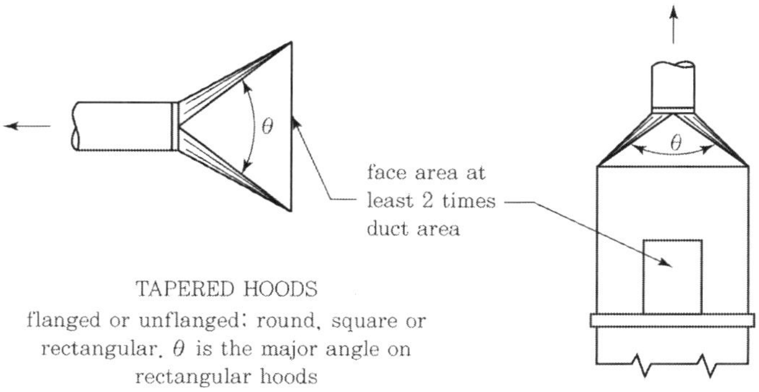

TAPERED HOODS
flanged or unflanged: round, square or rectangular. θ is the major angle on rectangular hoods

θ	Entry Loss	
	Round	Rectangular
15°	0.15VP	0.25VP
30°	0.08VP	0.16VP
45°	0.06VP	0.15VP
60°	0.08VP	0.17VP
90°	0.15VP	0.25VP
120°	0.26VP	0.35VP
150°	0.40VP	0.48

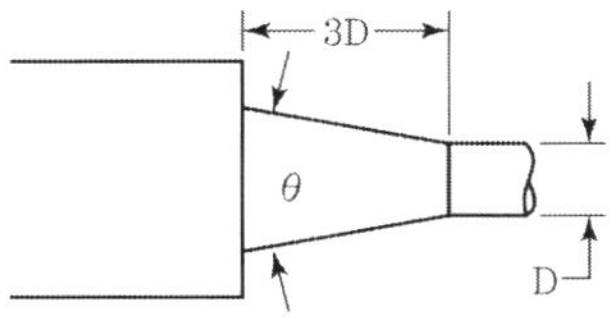

문제 slot 관경이 200mm인 Hood를 통해 30m³/min가 흐르고 있다. 동압의 측정 결과는 5kgf/m²의 로 경사마노미터에 의해 확인되었다면 정압 손실은 얼마가 되는가?(Hood는 Flange부착 직결형)

풀이 $\Delta P = f \times [(\rho \times V^2)/2gc]$

ΔP : 압력손실(kgf/m²)
f : Hood 손실계수 0.49×25.4mmAq/inch = 12.44
동압(kgf/m²) : 5kgf/m²
ΔP : 압력손실(kgf/m²)

ΔP = 12.44×5kgf/m² = 62.2 kgf/m²

(2) 직선관(straight duct)

휨이나 크기의 변형이 없이 동일한 규격으로 곧게 연결된 관을 직선관이라 칭하며 직선관의 종류는 사각관과 원형관이 있고 압력손실의 계산은 다음 식에 의한다.

$$\Delta P = f \times (L/D) \times [(\rho \times V^2)/2gc] \quad \text{(식 4.6)}$$

ΔP : 압력손실(kgf/m^2), f : 손실계수(≒0.009~0.04, 레이놀드 수에 의함)
L : 관 길이(m), D : 관경, 관의 직경(m)
동압(kgf/m^2) : $(\rho \times V^2)/2gc$
ρ : 유체의 밀도(kg/m^3), V : 유체의 이동 속도(m/sec)
gc : 단위 환산 계수(9.8 N/kgf)

– 손실계수 산출 (레이놀드수에 의한 산출)

$$Q = (\pi \times \Delta P \times D^4) \div (128 \times \mu \times L)$$

Q : m^3/sec
ΔP : N/m^2
D : 직경m
μ : 점성계수(kg/m.sec)
L : 길이 m
g : 단위환산계수(9.8N/kgf)

$$\begin{aligned}
\Delta P &= (128 \times \mu \times L \times Q) \div (\pi \times D^4) \\
&= [(128 \times \mu \times L \times \{(\pi \times D^2 \times V)/4\})] \div (\pi \times D^4) \\
&= (32 \times \mu \times L \times V) \div (\pi \times D^2) \\
&= [(32 \times L/D \times (\mu \times V)] \div [(\text{Rey n} \times \mu)/(\rho \times V)] \\
&= (64/\text{Rey n}) \times L/D \times (\rho V^2 \div 2g) \cdots\cdots\cdots \text{층류} \\
&= (0.314/\text{Rey n}^{0.25}) \times L/D \times (\rho V^2 \div 2g) \cdots\cdots \text{난류}
\end{aligned}$$

손실계수는 레이놀드 수를 산출 후 그 값을 적용하여 손실계수로 한다.

관경에서 송풍관이 원형인 경우, 원형관의 직경을 사용하면 된다. 그러나 사각관인 경우도 많이 있다. 사각관의 경우에는 상당직경을 구해야 된다. 상당직경은 정사각형인 경우, dead space가 적어서 큰 무리가 없지만 직사각형과 직사각형 중에서 장방형의 경우에는 dead space가 많이 존재하며 관 내 유속이 빠르면 빠를수록 커지게 된다. 상당직경을 구하는 방법으로 몇 가지가 알려져 있지만 오차율이 적은 실험식을 소개하면 다음과 같다.

1) 산업환기에서의 상당길이 환산법

$$D = \frac{1.3 \times (a \times b)^{0.625}}{(a+b)^{0.25}} \quad \text{(식 4.7)}$$

D = 관의 상당 직경(m)
a : 한 변의 길이(m), b : 또 다른 한 변의 길이(m)

2) 대기오염공정기준에서 사각 굴뚝의 상당길이 환산법(a, b의 차이가 25% 이하)

$$D = \frac{(2 \times a \times b)}{(a+b)} \quad \text{(식 4.8)}$$

D = 관의 상당 직경(m)
a : 한 변의 길이(m), b : 또 다른 한 변의 길이(m)

문제 송풍관 내에 30℃의 함진기류가 관경 200mm를 통해 흐르고 있다. 송풍기 설계를 위해 압력손실을 계산하려 한다. 관 내 유속은 15 m/sec이고 직관의 전체 길이는 100m이며 레이놀드수에 의해 구한 손실계수가 0.012라면 예상되는 압력손실은 얼마인가?

풀이 $\Delta P = f \times (L/D) \times (\rho \times V^2)/2gc]$

ΔP : 압력손실(kgf/m^2)
f : 레이놀드수에 의한 손실계수(0.012)
L : 관길이(100 m), D : 관경(0.2 m)
ρ : 1.3 kg/m^3 × (273/303)℃ = 1.17 kg/m^3
V : 관내 유속(15 m/sec)
gc : 9.8 N/kgf
$(\rho \times V^2)/2gc$ = 13.43 kgf/m^2
ΔP = 0.012 × (100 ÷ 0.2) m × 13.43 kgf/m^2 = 80.6 kgf/m^2

(3) 곡관(Elbow)

송풍관을 설치할 경우에는 직선관만으로는 원하는 송풍량이 목적하는 위치에 도달할 수가 없게 된다. 휘어지는 휨관이 필수적으로 사용되게 되며 한 개 line의 송풍관에서는 수많은 휨관이 필요하게 되며 휨 부분은 도로와 마찬가지로 많은 에너지가 소요되며 공기의 흐름에서는 높은 압력손실을 요하게 된다. 곡관의 명칭은 새우등처럼 생긴 것을 일컬어 새우관이라 하고 팔꿈치와 유사하다 하여 Elbow라고도 한다. 압력손실의 산정은 손실계수와 동압을 곱한 값으로 하며 손실계수는 L/D값에 의해 정해진다. L/D값은 꺾임 정도를 의미하고 L/D값이 작으면 꺾임이 가파르고 손실계수가 커지며 L/D값이 크면 꺾임이 완만하면서 손실계수는 작아진다. 다음 표에서 손실계수와 L/D값을 비교하였다.

$$\Delta P = f \times \frac{(\rho \times V^2)}{2gc} \qquad \text{(식 4.9)}$$

ΔP : 압력손실(kgf/m²)
f : 손실계수(그림 4-5, 4-6에 의한다.)
L : 관길이(m), D : 관경, 관의 직경(m)
$(\rho \times V^2)/2gc]$: 동압(kgf/m²)

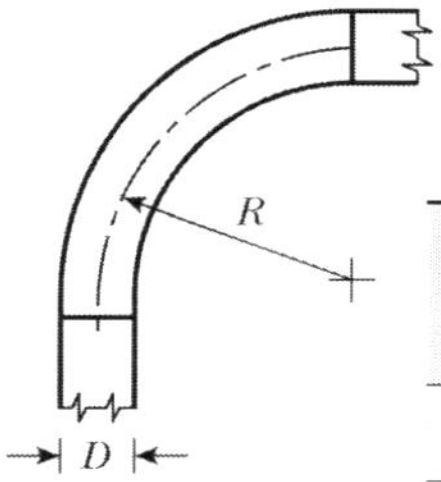

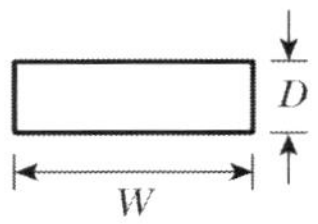

R/D	Aspect Ratio. W/D					
	0.25	0.5	1.0	2.0	3.0	4.0
0.0(Mitre)	1.50	1.32	1.15	1.04	0.92	0.86
0.5	1.36	1.21	1.05	0.95	0.84	0.79
1.0	0.45	0.28	0.21	0.21	0.20	0.19
1.5	0.28	0.18	0.13	0.13	0.12	0.12
2.0	0.24	0.15	0.11	0.11	0.10	0.10
3.0	0.24	0.15	0.11	0.11	0.10	0.10

[그림 4-5] **사각관 손실계수**

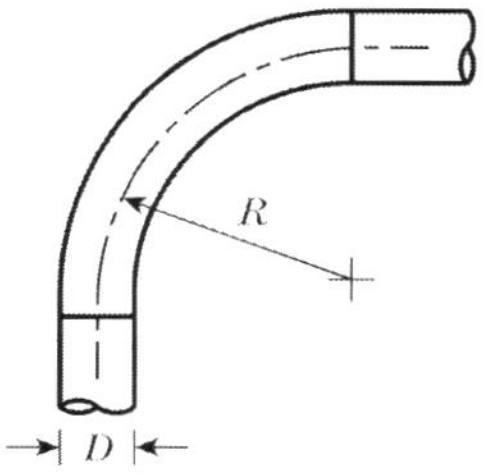

R/D	Loss Froction of VP
2.75	0.26
2.50	0.22
2.25	0.26
2.00	0.27
1.75	0.32
1.50	0.39
1.25	0.55

[그림 4-6] **원형관 손실계수**

문제 원형관의 Elbow 압력손실을 예측하려 한다. 동압이 10 kgf/m^{2}이고 $R=1.5D$인 것과 $2D$인 것이 각각 있다면 압력손실은 각각 얼마이고 차이는 어느 정도인가?

풀이 $\Delta P = f \times \frac{(\rho \times V^2)}{2gc}$

- $1.5D$의 f : 0.39
$\Delta P = 0.39 \times 10\ \text{kgf/m}^2 = 3.9\ \text{kgf/m}^2$
- $2D$의 f : 0.22
$\Delta P = 0.22 \times 10\ \text{kgf/m}^2 = 2.2\ \text{kgf/m}^2$
- $\frac{3.9\text{kgf/m}^2}{2.2\text{kgf/m}^2} = 1.78$배

(4) 축소관

관의 흐름에서 어느 지점은 장소의 협소 등으로 인하여 부득이하게 좁혀서 가는 경우가 발생한다.

$$\Delta P = SP_2 - SP_1$$
$$SP_2 = SP_1 - [(VP_2 - VP_1) - L \times (VP_2 - VP_1)]$$
(식 4.10)

SP_2 : ②지점에서의 유효 정압 SP_1 : ①지점에서의 유효 정압
VP_2 : ②지점에서의 동압 VP_1 : ①지점에서의 동압
ΔP : 압력손실(kgf/m²) L : 그림 4-7 손실계수

$$Vp(\text{동압})(\text{kgf/m}^2) : (\rho \times V^2)/2gc$$
(식 4.11)

ρ : 유체의 밀도(kg/m³) V : 유체의 이동 속도(m/sec)
gc : 단위환산계수(9.8 N/kgf)

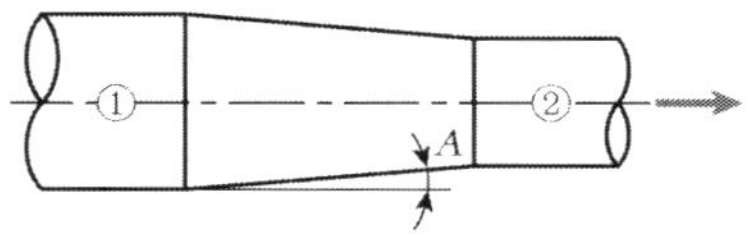

Toper angle degrees	L(loss)
5	0.05
10	0.06
15	0.08
20	0.10
25	0.11
30	0.13
45	0.20
60	0.30
over 60	Abrupt contraction

[그림 4-7] **축소관 손실계수**

(5) 확대관

축소관과 유사하게 부득이하게 확대하는 경우가 발생하기도 한다. 송풍기 또는 다른 장비와 연결할 경우에 확대하는 경우가 많다. 이런 경우는 압력손실은 미미하지만 동압의 차이로 산출한다.

$$\Delta P = SP_2 - SP_1 \quad \text{(식 4.12)}$$

ΔP : 압력손실(kgf/m²)
$SP_2 = SP_1 + R \times (VP_2 - VP_1)$
SP_2 : ②지점에서의 유효 정압
SP_1 : ①지점에서의 유효 정압
R : 그림 4-8 참조
VP_2 : ②지점에서의 동압
VP_1 : ①지점에서의 동압

$$Vp(\text{동압, kgf/m}^2) : (\rho \times V^2)/2gc \quad \text{(식 4.13)}$$

ρ : 유체의 밀도(kg/m³)
V : 유체의 이동 속도(m/sec)
gc : 단위 환산 계수(9.8N/kgf)

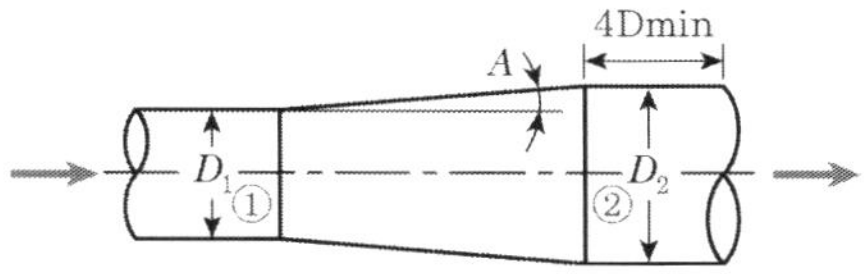

Regain (R) fracion of VP difference					
Taper angle degrees	Diameter ratios D_2/D_1				
	1.25 : 1	1.5 : 1	1.75 : 1	2 : 1	2.5 : 1
3 1/2	0.92	0.88	0.84	0.81	0.75
5	0.88	0.84	0.80	0.76	0.68
10	0.85	0.76	0.70	0.63	0.53
15	0.83	0.70	0.62	0.55	0.43
20	0.81	0.67	0.57	0.48	0.43
25	0.80	0.65	0.53	0.44	0.28
30	0.79	0.63	0.51	0.41	0.25
90	0.77	0.62	0.50	0.40	0.25
Where : $SP_2 = SP_1 + R(VP_1 - VP_2)$					

[그림 4-8] **확대관 손실계수**

(6) 합류관

송풍관은 배출원이 한 개의 단독 배기도 있지만 대부분은 여러 개의 branch duct가 연결되므로 많은 합류관이 있게 된다. 합류관의 압력손실은 main duct와 branch duct를 별도로 계산해야 하고 main duct는 확대관과 동일하게 하며 branch duct는 합류관으로 계산하여 평형압력을 만들어야 한다.

$$\Delta P = f \times (\rho \times V^2)/2gc] \qquad \text{(식 4.14)}$$

ΔP : 압력손실(kgf/m^2)
f : 손실계수([그림 4-9] 참조)
$(\rho \times V^2)/2gc$: 동압(kgf/m^2)

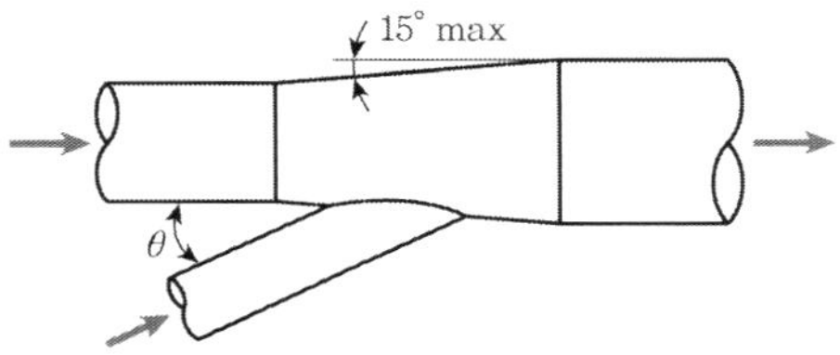

Angle Degrees	Loss Fraction of SP in main	Loss Fraction of SP in Branch
10	0.2	0.06
15	0.2	0.09
20	0.2	0.12
25	0.2	0.15
30	0.2	0.18
35	0.2	0.21
40	0.2	0.25
45	0.2	0.28
50	0.2	0.32
60	0.2	0.44
90	0.7	1.00

[그림 4-9] **합류관 손실계수**

(7) Damper

Damper는 유지관리 및 송풍량 조절을 가장 쉽게 할 수 있는 방법으로 어느 Hood를 설치해도 필수으로 Damper는 설치하게 된다. 손실계수는 100% Open상태만 고려하면 된다. 개구율은 송풍량 조절을 위해 하게 되므로 자연스럽게 압력손실이 커지게 되며 개폐율에 의해 달라진다. 100% Open시의 손실계수는 0.2~0.3으로 한다.

$$\Delta P = f \times [(\rho \times V^2)/2gc]$$ (식 4.15)

ΔP : 압력손실(kgf/m²)
f : Damper의 손실계수
동압(kgf/m²) : $(\rho \times V^2)/2gc$
ρ : 유체의 밀도(kg/m³), V : 유체의 이동 속도(m/sec)
gc : 단위 환산 계수(9.8 N/kgf)

3 상당길이에 의한 압력손실 산출

송풍관의 압력손실에서 새우관(Elbow), 합류관은 직관과 동일하게 간주하여 직선 길이로 환산하여 길이로 정하는 방법으로 복잡한 Duct 구조 등에 많이 사용되고 손실계수 또한 속도와 송풍량과 관경에 의해 구해진 값을 이용하는 방식이다. 압력손실 계산을 한 장의 Table로 나타내며 가동 시에 송풍관 흐름의 문제점을 파악하는데 편리한 방법이다.

(1) 상당길이 환산표

직관 길이의 피트당 상당저항								
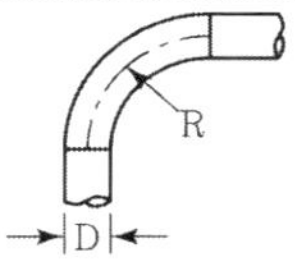				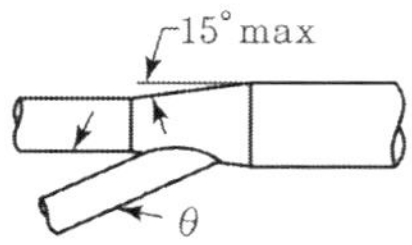		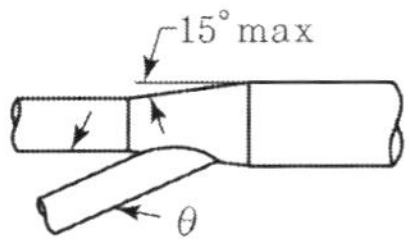		
Pipe	90° Elbow Centerline Radius			Angle of Entry		H, No of Diameters		
D	1.5D	2D	2.5D	30°	45°	1.0D	0.75D	0.5D
3″	5	3	3	2	3	2	2	9
4″	6	4	4	3	5	2	3	12
5″	9	6	5	4	6	2	4	16
6″	12	7	6	5	7	3	5	20
7″	13	9	7	6	9	3	6	23
8″	15	10	8	7	11	4	7	26
10″	20	14	11	9	14	5	9	36
12″	25	17	14	11	17	6	11	44
14″	30	21	17	13	21	7	13	53
16″	36	24	20	16	25	9	15	62
18″	41	28	23	18	28	10	18	71
20″	46	32	26	20	32	11	20	80
24″	57	40	32			13	24	92
30″	74	51	41			17	31	126
36″	93	64	52			22	39	159
40″	105	72	59					
48″	130	89	73					

- For 60° elbows —— 0.67×loss for 90°
  45° elbows —— 0.5×loss for 90°
  30° elbows —— 0.33×loss for 90°

(2) 손실계수

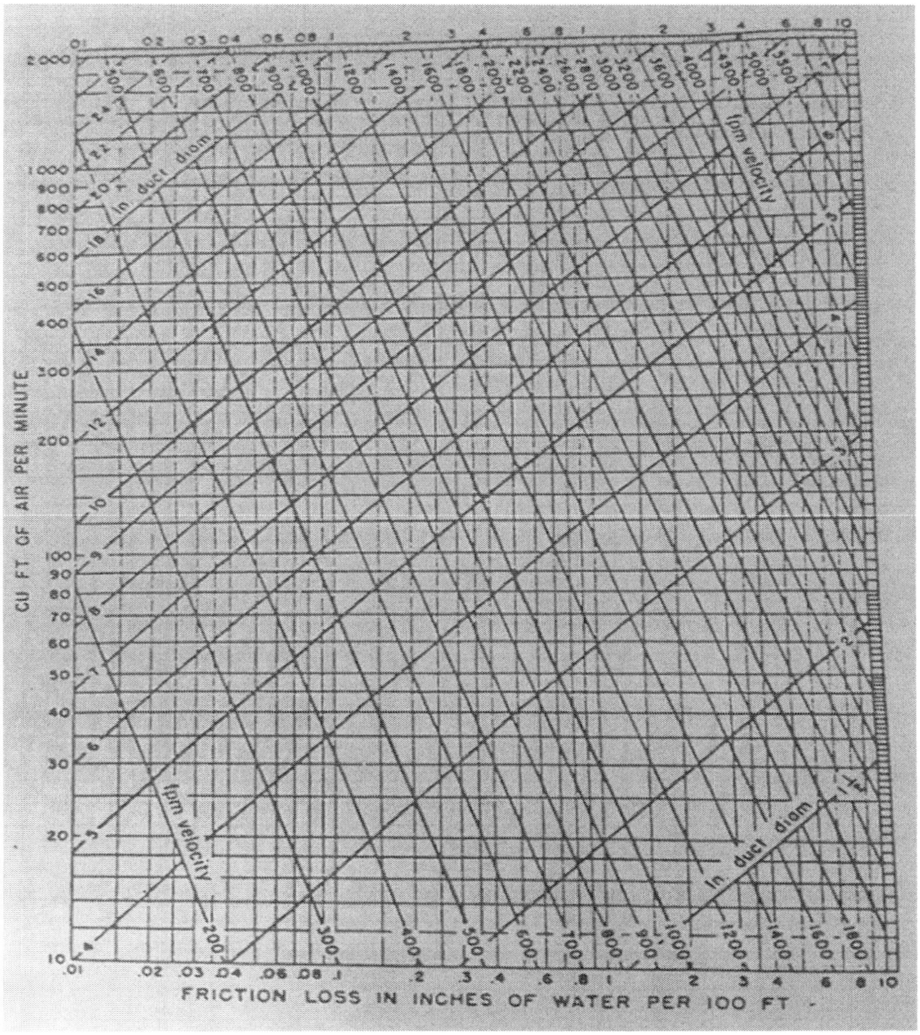

(1) 깨끗하고 원형인 도금금속 덕트를 흐르는 0.075 1 b/ft^3의 밀도인 표준공기에 준하고 있으며, 100피트당 40개의 이음매(joint)가 있는 덕트이다.

(2) 이 표의 바깥부분까지 외삽하여서는 아니 된다. 특별한 덕트에 대한 데이터는 제조업자로부터 확인하여야 한다.

(3) 직관형의 덕트에 대한 공기마찰은 10~2000cfm의 유량에 대한 것이다.

(4) 100피트당의 마찰손실 = $2.74(Vfpm/1000)^{1.9}/(Dinches)^{1.22}$

[그림 4-10 a] **공기유량과 마찰손실의 상관관계**

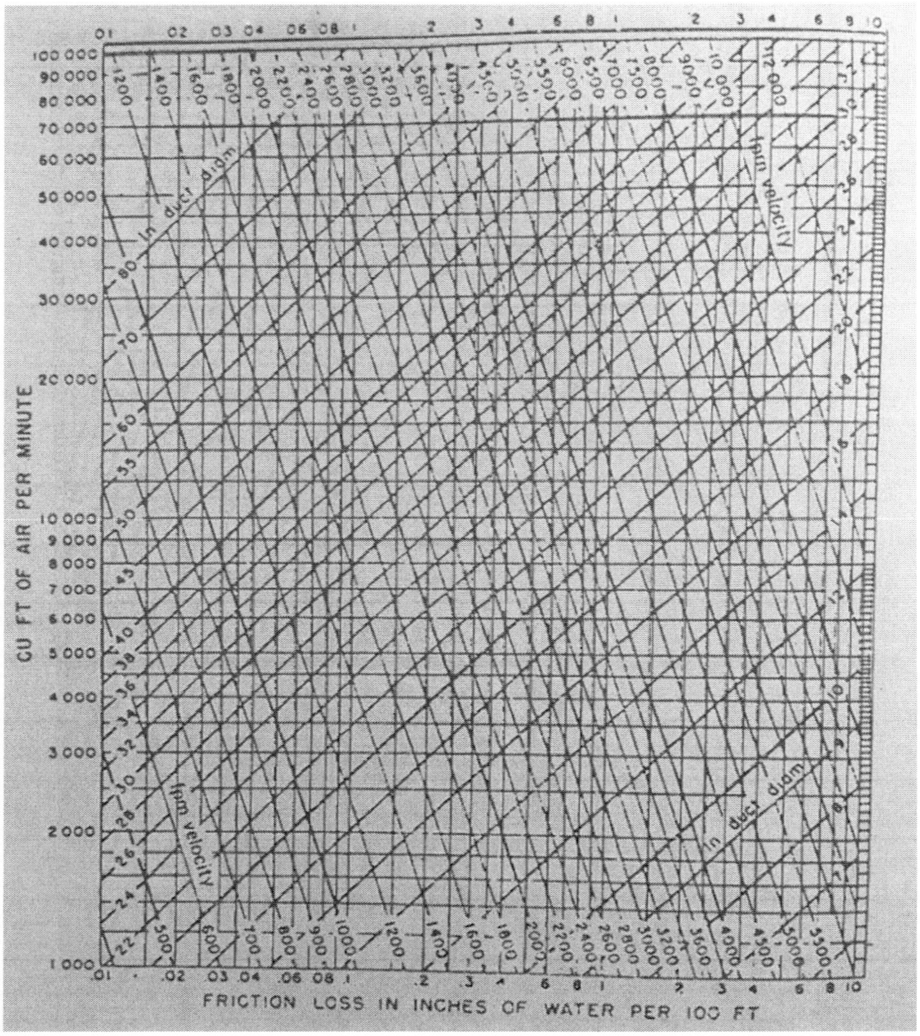

(1) 깨끗하고 원형인 도금금속 덕트를 흐르는 0.075 1 b/ft^{3}의 밀도인 표준공기에 준하고 있으며, 100피트당 40개의 이음매가 있는 덕트이다.
(2) 특별한 덕트에 대한 데이터는 제조업자로부터 확인하여야 한다.
(3) 직관형의 덕트에 대한 공기마찰은 1000~100000cfm의 유량에 대한 것이다.
(4) 100피트당의 마찰손실 = $2.74(\text{Vfpm}/1000)^{1.9}/(\text{Dinches})^{1.22}$

[그림 4-10 b] **공기유량과 마찰손실의 상관관계**

4 압력손실계산 비교

- 압력손실의 합산은 직렬구간만을 합산한다. 병렬구간은 합류점에서 정압손실의 평형으로 균형을 맞게 한다. 그러나 균형을 정확히 맞게 하는 것은 쉬운 일이 아니다. 따라서 부족한 부분은 Damper를 이용하여 조절한다.
- 조절 방법은 저항이 작은 쪽의 댐퍼를 조절하여 저항을 크게 하는 방법으로 저항조절평형법과 다른 한쪽의 송풍관을 축소해서 유속을 빠르게 하거나 또는 느리게 하여 저항을 크게 하는 방법인 유속조절평형법이 있다. 그러나 두 가지의 방법 모두 유속이 빨라지면 저항이 커지고, 유속이 느려지면 저항이 작아지므로 같은 의미를 갖고 있다. 송풍관의 크기를 조절하는 경우와 Damper를 조작하는 차이이다. 댐퍼를 설치하고 운전하다보면 먼지의 퇴적 및 폐가스에 의한 부식으로 작동이 불가한 경우가 발생되므로 주기적인 점검이 필요하다. 실질적으로 현장에서는 두 가지의 방법으로 유속조절이 동시에 이용된다.

(1) 유속조절법(관경 변화)

최초의 설계는 반송속도에 의해 가설계 후 압력손실을 산정하여 관경 변화로 유속을 조절한다.

$$D_1 \times (P_{s1} \div P_{s2})^{0.25} = D_{1a} \quad \text{(식 4.16)}$$

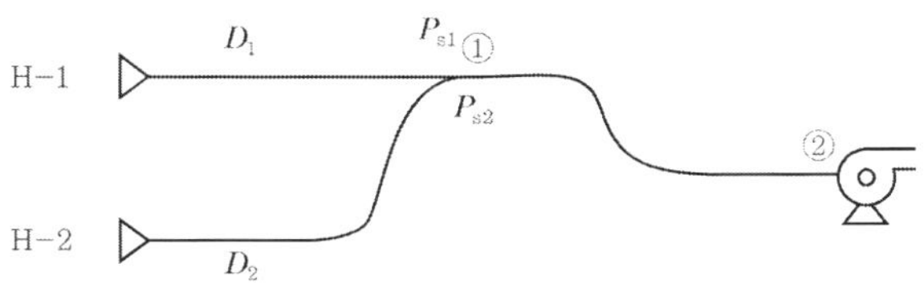

[그림 4-11] duct 모형

상기 그림은 각각의 Hood H-1과 H-2의 지점으로부터 배기가 되고 있으며 P_{s1}은 H-1에서 ① 지점까지의 정압손실이며 P_{s2}은 H-2에서 ① 지점까지의 정압손실이다. 값을 계산한 결과 차이가 큰 경우(20% 이상)에는 Duct를 수정하게 된다.

문제 송풍관의 설계에서 관경을 결정하고 압력손실을 계산한 결과 D_1 은 300mm이고 P_{s1} 이 30mmAq이다. D-2는 400mm, P_{s2} 50mmAq 이다. 정압손실평형을 하려 하며 D_1을 수정하려 한다. 얼마로 수정되어야 하는가?

풀이 $D_1 \times (P_{s1} \div P_{s2})^{0.25} = D_{1a}$

300mm × (30mmAq ÷ 50mmAq)$^{0.25}$ = 264mm duct 모형

(2) 설계 예

다음의 20℃ 공기가 흐르는 환기용 Duct line에서 관경 및 압력손실을 산출하시오. Hood는 Flange 부착형으로 손실계수 0.49이다. 압력손실은 손실계수에 의한 방법과 상당길이에 의한 방법으로 각각 하시오. Duct반송속도는 입자상 물질의 농도가 낮기 때문에 기본 8m/sec로 한다(레이놀드수에 의한 손실계수는 0.02로 한다).

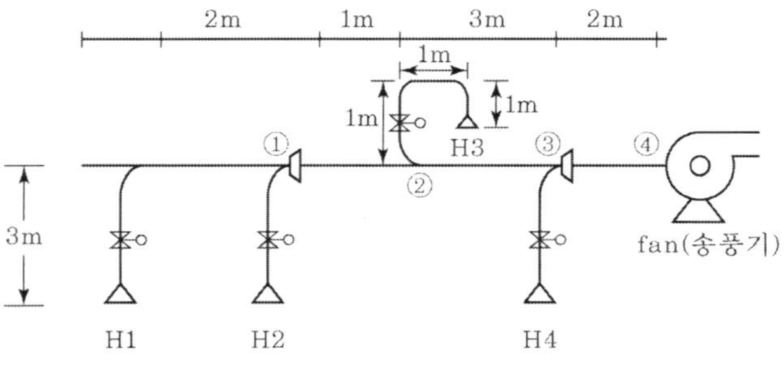

- Elbow : 90° 1~5D=R
- 합류관은 45°
- 송풍량
  H-1 : 10m³/min
  H-2 : 20m³/min
  H-3 : 30m³/min
  H-4 : 10m³/min
- 송풍기
  70m³/min × 11.58mmAq × 0.25kW ≒ 0.5HP

풀이 1) 손실계수에 의한 산출

가) H1 → ①

가–1. Duct

– 관경

$Q = AV$

$A = Q \div V = 10\text{m}^3/\text{min} \div (60\text{sec/min} \times 8\text{m/sec}) = 0.02\text{m}^2$

$A = \pi D^2/4$

$D = (4A \div \pi)^{0.5} = 160\text{mm}(0.16\text{m})$

– 압력손실(kgf/m²)

$\Delta P = f \times (L/D) \times [(\rho \times V^2)/2gc]$

$\Delta P = 0.02 \times (5\text{m}/0.16\text{m}) \times [(1.21\text{kg/m}^3 \times 8\text{m/sec}^2)/2 \times 9.8\text{N/kgf}]$

$= 2.47\text{kgf/m}^2$

ρ : 보일샤를의 법칙에 의해 1.21kg/m^3

가–2. Hood

$\Delta P = f \times [(\rho \times V^2)/2gc]$

$\Delta P = 0.49 \times [(1.21\text{kg/m}^3 \times 8\text{m/sec}^2)/2 \times 9.8\text{N/kgf}] = 1.94\text{kgf/m}^2$

가–3. Elbow

$\Delta P = f \times [(\rho \times V^2)/2gc]$

$\Delta P = 0.39 \times [(1.21\text{kg/m}^3 \times 8\text{m/sec}^2)/2 \times 9.8\text{N/kgf}] = 1.55\text{kgf/m}^2$

Elbow 손실계수는 R=1.5D인 경우 0.39

가–4. 합류관

$\Delta P = f \times [(\rho \times V^2)/2gc]$

$\Delta P = 0.2 \times [(1.21\text{kg/m}^3 \times 8\text{m/sec}^2)/2 \times 9.8\text{N/kgf}] = 0.8\text{kgf/m}^2$

가-5. Damper

$\Delta P = f \times [(\rho \times V^2)/2gc]$

$\Delta P = 0.2 \times [(1.21\text{kg/m}^3 \times 8\text{m/sec}^2)/2 \times 9.8\text{N/kgf}] = 0.8\text{kgf/m}^2$

계 : $2.47\text{kgf/m}^2 + 1.94\text{kgf/m}^2 + 1.55\text{kgf/m}^2 + 0.8\text{kgf/m}^2 + 0.8\text{kgf/m}^2$

$= 7.56\text{kgf/m}^2$

나) H2 → ①

나-1. Duct

- 관경

$Q = AV$

$A = Q \div V = 20\text{m}^3/\text{min} \div (60\text{sec/min} \times 8\text{m/sec}) = 0.04\text{m}^2$

$A = \pi D^2/4$

$D = (4A \div \pi)^{0.5} = 230\text{mm}(0.23\text{m}$

- 압력손실(kgf/m^2)

$\Delta P = f \times (L/D) \times [(\rho \times V^2)/2gc]$

$\Delta P = 0.02 \times (3\text{m}/0.23\text{m}) \times [(1.21\text{kg/m}^3 \times 8\text{m/sec}^2)/2 \times 9.8\text{N/kgf}]$

$= 1.03\text{kgf/m}^2$

ρ : 보일샤를의 법칙에 의해 1.21kg/m^3

나-2. Hood

$\Delta P = f \times [(\rho \times V^2)/2gc]$

$\Delta P = 0.49 \times [(1.21 \times /\text{m}^3 \times 8\text{m/sec}^2)/2 \times 9.8\text{N/kgf}] = 1.94\text{kgf/m}^2$

나-3. Elbow

$\Delta P = f \times [(\rho \times V^2)/2gc]$

$\Delta P = 0.39 \times [(1.21\text{kg/m}^3 \times 8\text{m/sec}^2)/2 \times 9.8\text{N/kgf}] = 1.55\text{kgf/m}^2$

Elbow 손실계수는 R=1.5D인 경우 0.39

나-4. 합류관

$\Delta P = f \times [(\rho \times V^2)/2gc]$

$\Delta P = 0.28 \times [(1.21\text{kg/m}^3 \times 8\text{m/sec}^2)/2 \times 9.8\text{N/kgf}] = 1.1\text{kgf/m}^2$

나-5. Damper

$\Delta P = f \times [(\rho \times V^2)/2gc]$

$\Delta P = 0.2 \times [(1.21\text{kg/m}^3 \times 8\text{m/sec}^2)/2 \times 9.8\text{N/kgf}] = 0.8\text{kgf/m}^2$

계 : $1.03\text{kgf/m}^2 + 1.94\text{kgf/m}^2 + 1.55\text{kgf/m}^2 + 1.1\text{kgf/m}^2 + 0.8\text{kgf/m}^2$

$= 6.42\text{kgf/m}^2$

(나/가) $= 6.42\text{kgf/m}^2 \div 7.56\text{kgf/m}^2 = 85\%$

* 15%의 차이로 20% 미만이므로 유속조절 없이 저항값 댐퍼로 조절

①지점의 압력손실 7.56kgf/m^2로 한다.

다) ① → ②

다-1. Duct

- 관경

$Q = AV$

$A = Q \div V = 30\text{m}^3/\text{min} \div (60\text{sec/min} \times 8\text{m/sec}) = 0.06\text{m}^2$

$A = \pi D^2/4$

$D = (4A \div \pi)^{0.5} = 280\text{mm}(0.28\text{m})$

- 압력손실(kgf/m²)

$\Delta P = f \times (L/D) \times [(\rho \times V^2)/2gc]$

$\Delta P = 0.02 \times (1\text{m}/0.28\text{m}) \times [(1.21\text{kg/m}^3 \times 8\text{m/sec}^2)/2 \times 9.8\text{N/kgf}]$

$= 0.28\text{kgf/m}^2$

ρ : 보일샤를의 법칙에 의해 1.21kg/m^3

다-2. 합류관

$\Delta P = f \times [(\rho \times V^2)/2gc]$

$\Delta P = 0.2 \times [(1.21\text{kg/m}^3 \times 8\text{m/sec}^2)/2 \times 9.8\text{N/kgf}] = 0.8\text{kgf/m}^2$

다-3. 확대관 : 동압의 변화가 무시할 정도로 작으므로 감안하지 않음

계 : ①지점 + "다-1" + "다-2" = $7.56\text{kgf/m}^2 + 0.28\text{kgf/m}^2 + 0.8\text{kgf/m}^2$

$= 8.64\text{kgf/m}^2$

라) H3 → ②

라-1. Duct

- 관경

$Q = AV$

$A = Q \div V = 30\text{m}^3/\text{min} \div (60\text{sec/min} \times 8\text{m/sec}) = 0.06\text{m}^2$

$A = \pi D^2/4$

$D = (4A \div \pi)^{0.5} = 280\text{mm}(0.28\text{m})$

- 압력손실(kgf/m²)

$\Delta P = f \times (L/D) \times [(\rho \times V^2)/2gc]$

$\Delta P = 0.02 \times (2\text{m}/0.28\text{m}) \times [(1.21\text{kg/m}^3 \times 8\text{m/sec}^2)/2 \times 9.8\text{N/kgf}]$

$= 0.56\text{kgf/m}^2$

ρ : 보일샤를의 법칙에 의해 1.21kg/m³

라-2. Hood

$\Delta P = f \times [(\rho \times V^2)/2gc]$

$\Delta P = 0.49 \times [(1.21\text{kg/m}^3 \times 8\text{m/sec}^2)/2 \times 9.8\text{N/kgf}] = 1.94\text{kgf/m}^2$

라-3. Elbow

$\Delta P = f \times [(\rho \times V^2)/2gc]$

$\Delta P = 0.39 \times [(1.21\text{kg/m}^3 \times 8\text{m/sec}^2)/2 \times 9.8\text{N/kgf}]$

$= 1.55\text{kgf/m}^2 \times 3$개 $= 4.65\text{kgf/m}^2$

Elbow 손실계수는 R=1.5D인 경우 0.39

라-4. 합류관

$\Delta P = f \times [(\rho \times V^2)/2gc]$

$\Delta P = 0.28 \times [(1.21\text{kg/m}^3 \times 8\text{m/sec}^2)/2 \times 9.8\text{N/kgf}] = 1.1\text{kgf/m}^2$

라-5. Damper

$\Delta P = f \times [(\rho \times V^2)/2gc]$

$\Delta P = 0.2 \times [(1.21\text{kg/m}^3 \times 8\text{m/sec}^2)/2 \times 9.8\text{N/kgf}] = 0.8\text{kgf/m}^2$

계 : $0.56\text{kgf/m}^2 + 1.94\text{kgf/m}^2 + 4.65\text{kgf/m}^2 + 1.1\text{kgf/m}^2 + 0.8\text{kgf/m}^2$

$= 9.05\text{kgf/m}^2$

(다/라) = 8.64kgf/m^2 ÷ 9.05kgf/m^2 = 95%

* 5%의 차이로 20% 미만이므로 유속조절 없이 저항값 댐퍼로 조절

②지점의 압력손실 9.05kgf/m^{2}로 한다.

마) ② → ③

마−1. Duct

− 관경

$Q = AV$

$A = Q \div V = 60\text{m}^3/\text{min} \div (60\text{sec/min} \times 8\text{m/sec}) = 0.125\text{m}^2$

$A = \pi D^2/4$

$D = (4A \div \pi)^{0.5} = 400\text{mm}(0.4\text{m})$

− 압력손실(kgf/m^2)

$\Delta P = f \times (L/D) \times [(\rho \times V^2)/2gc]$

$\Delta P = 0.02 \times (3\text{m}/0.4\text{m}) \times [(1.21\text{kg/m}^3 \times 8\text{m/sec}^2)/2 \times 9.8\text{N/kgf}]$

$= 0.6\text{kgf/m}^2$

ρ : 보일샤를의 법칙에 의해 1.21kg/m^3

마−2. 합류관

$\Delta P = f \times [(\rho \times V^2)/2gc]$

$\Delta P = 0.2 \times [(1.21\text{kg/m}^3 \times 8\text{m/sec}^2)/2 \times 9.8\text{N/kgf}] = 0.8\text{kgf/m}^2$

마−3. 확대관 : 동압의 변화가 무시할 정도로 작으므로 감안하지 않음

계 : ②지점 + "마−1" + "마−2" = 9.05kgf/m^2 + 0.6kgf/m^2 + 0.8kgf/m^2

= 10.45kgf/m^2

바) H4 → ③

바-1. Duct

- 관경

$Q = AV$

$A = Q \div V = 10\text{m}^3/\text{min} \div (60\text{sec/min} \times 8\text{m/sec}) = 0.02\text{m}^2$

$A = \pi D^2/4$

$D = (4A \div \pi)^{0.5} = 160\text{mm}(0.16\text{m})$

- 압력손실(kgf/m^2)

$\Delta P = f \times (L/D) \times [(\rho \times V^2)/2gc]$

$\Delta P = 0.02 \times (3\text{m}/0.16\text{m}) \times [(1.21\text{kg/m}^3 \times 8\text{m/sec}^2)/2 \times 9.8\text{N/kgf}]$

$= 1.48\text{kgf/m}^2$

ρ : 보일샤를의 법칙에 의해 1.21kg/m^3

바-2. Hood

$\Delta P = f \times [(\rho \times V^2)/2gc]$

$\Delta P = 0.49 \times [(1.21\text{kg/m}^3 \times 8\text{m/sec}^2)/2 \times 9.8\text{N/kgf}] = 1.94\text{kgf/m}^2$

바-3. Elbow

$\Delta P = f \times [(\rho \times V^2)/2gc]$

$\Delta P = 0.39 \times [(1.21\text{kg/m}^3 \times 8\text{m/sec}^2)/2 \times 9.8\text{N/kgf}] = 1.55\text{kgf/m}^2$

Elbow 손실계수는 R=1.5D인 경우 0.39

바-4. 합류관

$\Delta P = f \times [(\rho \times V^2)/2gc]$

$\Delta P = 0.28 \times [(1.21\text{kg/m}^3 \times 8\text{m/sec}^2)/2 \times 9.8\text{N/kgf}] = 1.1\text{kgf/m}^2$

바-5. Damper

$\Delta P = f \times [(\rho \times V^2)/2gc]$

$\Delta P = 0.2 \times [(1.21kg/m^3 \times 8m/sec^2)/2 \times 9.8N/kgf] = 0.8kgf/m^2$

계 : $1.48kgf/m^2 + 1.94kgf/m^2 + 1.55kgf/m^2 + 1.1kgf/m^2 + 0.8kgf/m^2$

$= 6.87kgf/m^2$

(바/마) $= 6.87kgf/m^2 \div 10.45kgf/m^2$ 65%

* 35%의 차이로 20% 이상이므로 유속조절이 필요함

사) 유속 조절

$D_1 \times (P_{s1} \div P_{s2})^{0.25} = D_{1a}$

$160mm \times (6.87kgf/m^2 \div 10.45kgf/m^2)^{0.25} = 144mm ≒ 14mm$

아) H4 → ③

아-1. Duct

– 관경

$Q = AV$

$A = Q \div V = 10m^3/min \div (60sec/min \times 10.1m/sec) = 0.0165m^2$

$A = \pi D^2/4$

$D = (4A \div \pi)^{0.5} = 145mm(0.145m)$

– 압력손실(kgf/m^2)

$\Delta P = f \times (L/D) \times [(\rho \times V^2)/2gc]$

$\Delta P = 0.02 \times (3m/0.145m) \times [(1.21kg/m^3 \times 10.1m/sec^2)/2 \times 9.8N/kgf]$

$= 2.6kgf/m^2$

ρ : 보일샤를의 법칙에 의해 1.21kg/m^3

아-2. Hood

$\Delta P = f \times [(\rho \times V^2)/2gc]$

$\Delta P = 0.49 \times [(1.21\text{kg/m}^3 \times 10.1\text{m/sec}^2)/2 \times 9.8\text{N/kgf}] = 3.08\text{kgf/m}^2$

아-3. Elbow

$\Delta P = f \times [(\rho \times V^2)/2gc]$

$\Delta P = 0.39 \times [(1.21\text{kg/m}^3 \times 10.1\text{m/sec}^2)/2 \times 9.8\text{N/kgf}] = 2.45\text{kgf/m}^2$

Elbow 손실계수는 R=1.5D인 경우 0.39

아-4. 합류관

$\Delta P = f \times [(\rho \times V^2)/2gc]$

$\Delta P = 0.28 \times [(1.21\text{kg/m}^3 \times 10.1\text{m/sec}^2)/2 \times 9.8\text{N/kgf}] = 1.76\text{kgf/m}^2$

아-5. Damper

$\Delta P = f \times [(\rho \times V^2)/2gc]$

$\Delta P = 0.2 \times [(1.21\text{kg/m}^3 \times 10.1\text{m/sec}^2)/2 \times 9.8\text{N/kgf}] = 1.32\text{kgf/m}^2$

계 : $2.6\text{kgf/m}^2 + 3.08\text{kgf/m}^2 + 2.45\text{kgf/m}^2 + 1.76\text{kgf/m}^2 + 1.32\text{kgf/m}^2$

$= 11.21\text{kgf/m}^2$

(마/아) $= 10.45\text{kgf/m}^2 \div 11.21\text{kgf/m}^2 = 0.93$

* 7%의 차이로 20% 미만이므로 유속조절 없이 저항값 댐퍼로 조절

③지점의 압력손실 11.21kgf/m^{2}로 한다.

자. ③ → ④

자-1. Duct

- 관경

$Q = AV$

$A = Q \div V = 70\text{m}^3/\text{min} \div (60\text{sec/min} \times 8\text{m/sec}) = 0.15\text{m}^2$

$A = \pi D^2/4$

$D = (4A \div \pi)^{0.5} = 430\text{mm}(0.43\text{m})$

- 압력손실(kgf/m²)

$\Delta P = f \times (L/D) \times [(\rho \times V^2)/2gc]$

$\Delta P = 0.02 \times (2\text{m}/0.43\text{m}) \times [(1.21\text{kg/m}^3 \times 8\text{m/sec}^2)/2 \times 9.8\text{N/kgf}]$

$= 0.37\text{kgf/m}^2$

ρ : 보일샤를의 법칙에 의해 1.21kg/m^3

자-3. 확대관 : 동압의 변화가 무시할 정도로 작으므로 감안하지 않음

계 : ③지점 + "자-1" = $11.21\text{kgf/m}^2 + 0.37\text{kgf/m}^2 = 11.58\text{kgf/m}^2$

풀이 2) 상당길이에 의한 산출

EQUIVALNT FOOT METHOD CALCULATION SHEET

Plant Name							Elevation			Factor					Remarks				
Location							Temperature												
1	2	3	4	5	6	7	8		9	10	11	12	13	14	15	16	17	18	19
									From fig 5-20	Col.7 plus col.9	From fig 5-21	Col.10 x col 11/100	From fig table 5-4	From fig 5-15	1 plus col.14	Col.13 times col.15	Col.12 plus col.16	AT Junction	
NO or br. or Main	Dia Duct (mm)	Area Duct (m2)	Air Volume(CMM)		Velocity of fpm	Length of Duct in Feet					Friction Loss Inches of Water			Pressure Inches of Water					Corrected CFM
			in	in		Straight	Number of		Equiv	Total	per	of	One	Energy	Hood	Hood	Static	SUM	
			Branch	m Main		Runs	Elbow	Entries	Length	Length	100	Run	VP	Loss(vp)	Suct(vp)	Suct	Press		

EQUIVALNT FOOT METHOD CALCULATION SHEET

Plant Name	0						Elevation					Factor		0			Remarks				
Location	0						Temperature					20도									
1	2	3	4	5	6	7	8				9	10	11	12	13	14	15	16	17	18	19
											From fig 5-20	Col.7 plus col.9	From fig 5-21	Col.10 x col 11/100	From fig table 5-4	From fig 5-15	1 plus col.14	Col.13 times col.15	Col.12 plus col.16	AT Junction	
NO of br or Main	Dia Duct (mm)	Area Duct (m2)	Air Volume(CMM) in Barandh	Air Volume(CMM) in Main	Velocity of fpm	Length of Duct in Feet: Straight Runs	Number of: Elbow		Entries		Equiv. Length	Total Length	Friction Loss Inches of Water: per 100	of Run	One VP	Pressure Inches of Water: Entry Loss(vp)	Hood Suct(vp)	Hood Suct	Static Press	SUM	Corrected CFM
H1-1	160		10		1575	16.4	1.5D	1	45도	1	19	35.4	0.8	0.29	0.16	0.49	1.49	0.24	0.53	0.53	
H2-1	230		20		1575	10	1.5D	1	45도	1	34	44	0.5	0.22	0.16	0.49	1.49	0.24	0.46	0.53	
01-02	280			30	1575	3.3			45도	1	15	18.3	0.35	0.07					0.07	0.6	
H3-2	280		30		1575	10	1.5D	3	45도	1	81	91	0.35	0.28	0.16	0.49	1.49	0.24	0.52	0.6	
02-03	400			60	1575	10			45도	1	25	35	0.23	0.08					0.08	0.68	
H4-3	160		10		1575	10	1.5D	1	45도	1	19	29	0.8	0.23	0.16	0.49	1.49	0.24	0.47	0.53	
H4-3	145		10		1988	10	1.5D	1	45도	1	17	27	1.2	0.33	0.24	0.49	1.49	0.36	0.69	0.69	
03-04	430			70	1575	7						7	0.2	0.02					0.02	0.71	

CHAPTER

05

송풍기 (Fan)

CONTENTS

SECTION 01 | 개요

송풍기는 기체를 이송시키는 장비로, 위치에 따라 F D Fan, I D Fan으로 분리되며 대기오염방지 및 산업환기 system에서 중요한 부분이다. 대기오염방지 장치와 산업환기 부분의 구성이 잘 되었다 할지라도 송풍기의 unbalance는 전체를 무용지물로 만들 수 있다. 또한 송풍기는 송풍량과 유효전압의 크기에 의해 결정되는 것으로 일정한 송풍량을 흡입하여 반송하는 기기이며 Fan과 Blower로 분류할 수 있다. 일반적으로 압력이 1,000 mmAq 정도까지, 감압 또는 가압할 수 있으면서 흡입과 토출의 압력비율이 1.1미만으로 거의 동일한 것을 Fan으로 칭하고, 그 이상의 힘을 가할 수 있고 압력비율이 2미만으로 약 2배 정도 차이가 있는 것을 Blower라 칭한다. Compressor와는 다르다. Compressor는 압축이 가능하지만 Fan, Blower는 압축이 불가능하다. 산업환기에 사용되는 공기 이송장치는 일반적으로 저압용 Fan을 사용한다. 그 종류는 용도에 맞게 즉, 압력손실과 송풍량에 맞도록, 설치장소에 의해 임펠러의 모양에 변화를 주어 사용된다.

SECTION 02 | 송풍기의 종류

배기 방법, 회전수(rpm, 회전수/분, Revolution Per Minute)에 따라 원심력과 축류식으로 분류한다.

1 원심력 송풍기

축 방향으로 흘러오는 기체가 반지름 방향으로 흐를 때 생기는 원심력을 이용하며 달팽이 모양처럼 원을 그리게 된다. 날개의 방향에 따라 다익형, 평판형, 터보형으로 분리된다.

(1) 다익형(Multi Blade type)

1) 개요 및 특징

- 전향 날개형
- 전체환기용, 공기조화용
- 저압에서 대풍량을 요하는 곳에 적용
- 저속 Duct의 급, 배기용
- 산업환기에 적합
- 고속회전 불가능
- 낮은 회전속도(rpm)로 소음이 적음
- 높은 압력에서는 송풍량이 급격히 낮아짐. 즉, 효율이 10～20%정도 떨어짐

2) 송풍량 및 정압

- 송풍량 : ～10,000m^3/min
- 유효 정압 : ～150mmAq
- 효율 : 40～60%

(2) 터보형(Turbo Type)

1) 개요 및 특징

- 후향 날개형
- 공기정화장치 부착용으로 대기오염방지시설용으로 적합
- 고온, 고압에서 사용
- 소음이 크다
- 효율이 가장 우수함
- 입자상 물질의 농도가 높을 경우 뒷면에 퇴적할 수 있음
- 고속운전으로(1,000～3500rpm)으로 마모 및 부식, 라이닝 시 박리현상 우려

2) 송풍량 및 정압

- 송풍량 : ~1,000m^3/min(일반적)
- 유효 정압 : ~900mmAq
- 효율 : 60~80%

(3) 평판형(Radial Type)

1) 개요 및 특징

- 방사 날개형, Plate Type
- 먼지 농도가 높은 경우 사용(먼지의 자동 탈락 구조로 날개가 되어 있음)
- 다익에 비해 고압에서 사용
- 다익에 비해 소음이 크지만 양호한 편
- 다익에 비해 효율이 우수
- 산업환기에 적합

2) 송풍량 및 정압

- 송풍량 : ~1,000m^3/min(일반적)
- 유효 정압 : ~300mmAq
- 효율 : 50~60%

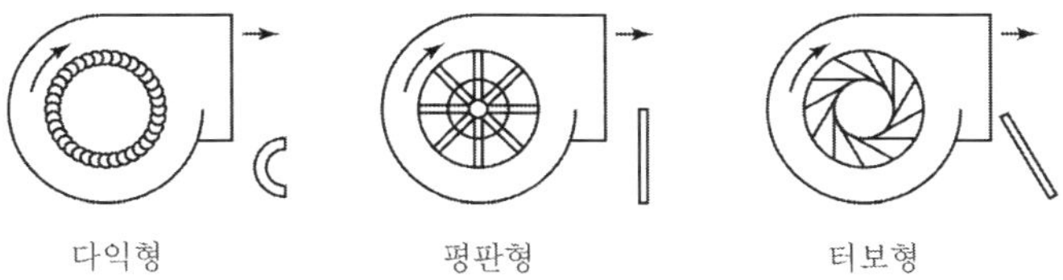

[그림 5-1] 원심형 송풍기

2 축류식 송풍기

입구와 출구의 유동방향이 회전축과 일치하는 송풍기로 많은 풍량을 요구하면서 압력을 요하지 않는 경우에 적합하다.(터널환기, 송풍관 내장용)

(1) 축류형(Axial Flow Type)

1) 개요 및 특징

- 전향 날개형
- 전체환기용, 공기조화용
- 저압에서 대풍량을 요하는 곳에 적용
- 터널, 흡연실, 화장실, 공장 일반 배기 등 일반 환기에 적용
- 전동기에 직결할 수 있어 설치비용 저렴
- 산업용으로 부적합
- 고속회전 시 떨림 현상으로 진동 발생 우려
- ~300rpm

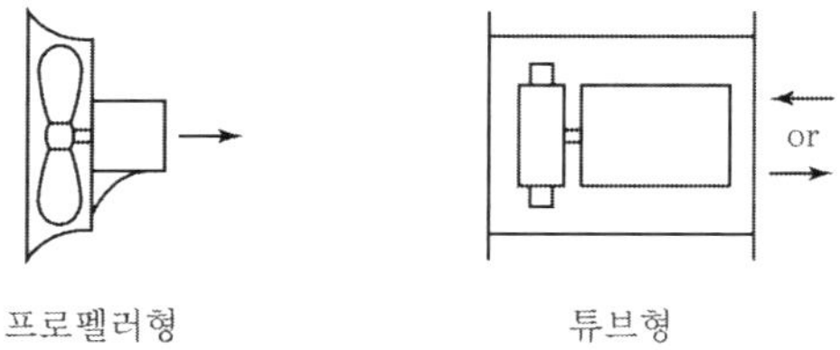

[그림 5-2] 축류형 송풍기

SECTION 03 송풍기 크기의 선정

1 송풍기의 크기 선정표

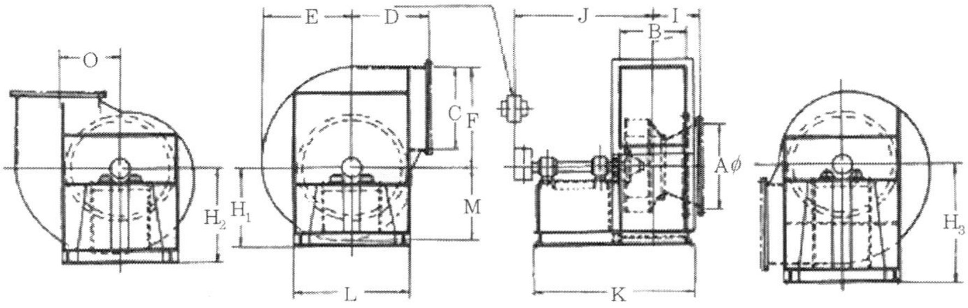

[그림 5-3] 송풍기 규격

[표 5-1] TURBO FAN SELECTION CHART

	A	B	C	D	E	F	M	H_1	H_2	H_3	O	I	J	K	L
2	240	200	200	250	276	315	237	265	300	400	185	190	500	680	400
$2_{1/2}$	260	225	225	280	307	355	259	280	335	450	210	200	550	700	450
$2_{1/3}$	300	250	250	300	345	400	290	315	375	500	237	225	600	750	500
$2_{1/4}$	320	275	275	335	388	450	326	355	425	560	267	240	650	830	560
3	360	300	300	375	431	500	362	400	475	600	295	260	700	890	630
$3_{1/2}$	420	350	350	425	481	560	402	450	530	670	330	390	750	920	630
4	480	400	400	475	545	630	460	500	600	750	375	310	800	1010	710
$4_{1/2}$	540	450	450	530	611	710	512	560	670	850	125	330	850	1110	800
5	600	500	500	600	688	800	576	630	750	950	180	385	950	1240	900
$5_{1/2}$	660	550	550	670	755	900	650	710	825	1060	540	415	1050	1360	1000
6	720	600	600	750	861	1000	732	800	935	1180	595	450	1150	1500	1120
7	840	700	700	800	963	1120	806	850	1030	1320	665	505	1300	1690	1250
8	960	800	800	850	1077	1250	904	950	1120	1450	745	550	1450	1860	1400
9	1080	900	900	950	1205	1400	1010	1060	1250	1600	835	600	1600	2040	1600
10	1200	1000	1000	1060	1374	1600	1148	1200	1450	1800	970	650	1750	2270	1800
11	1320	1100	1100	1180	1550	1800	1300	1360	1600	2000	1095	710	1900	2520	2000

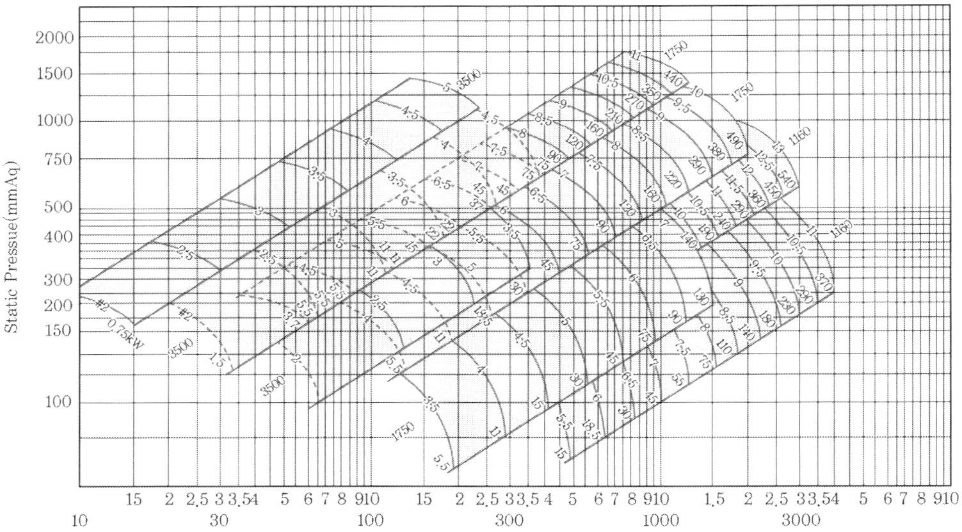

[그림 5-4] 송풍기 호수

[그림 5-5] 송풍기 Type (좌 : 모터 직결형, 우 : V벨트형)

SECTION 04 | 압력 측정

송풍기 설치 후, 송풍기의 성능을 확인하고 설겟값과 운전 조건을 비교하기 위해서 측정을 한다. 측정은 송풍기와 가장 근접한 입, 출구 측정을 하여 그 값으로 산정한다.

① 압력의 측정법 : 경사 마노미터와 피토관을 이용하여 측정

② 압력손실 : 일정 유체를 이동하는데 소요(손실)되는 힘으로 정압 손실을 의미한다.

③ 단위 : kgf/m^2, mmH_2O, mmAq, kgf/m^2, mmHg, atm, bar, mmbar, Pa(N/m^2)

[표 5-2] Fan의 유효정압과 유효전압 판정(예측)

입구	출구	Ptf(유효전압)	Psf(유효정압)
무	유	PSO + PVO	PSO
유	유	(PSO − PSI) + (PVO − PVI)	PSO − PSI − PVI
유	무	− PSI + (PVO − PVI)	− PSI − PVI

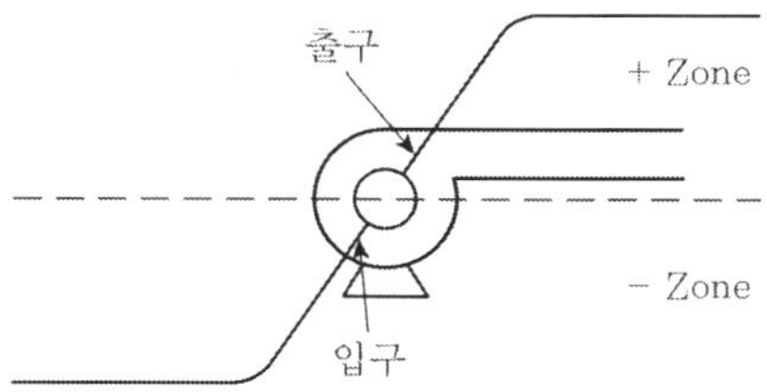

[그림 5-6] 송풍기의 압력 측정점

문제 1 송풍기의 압력을 측정한 결과 흡입구의 정압이 100 kgf/m^2이고 배출구의 정압이120 kgf/m^2, 입구의 동압이 10 kgf/m^2, 출구의 동압이 5 kgf/m^2 유효전압과 유효정압을 각각 구하시오.

풀이
- Ptf = (PSO − PSI) + (PVO − PVI) = [120 − (− 100)] + (5 − 10) = 215 kgf/m^2
- Psf = (PSO − PSI − PVI) = 120 − (− 100) − 10 = 210 kgf/m^2

SECTION 05 | 소요 동력

1 산출법

HP와 kW의 단위를 사용하며 최초의 동력은 말의 힘(horse power)에서 단위를 사용하기 시작 했다. 현재는 kW의 단위에 의해 전력비용이 산출되므로 대체적으로 kW를 사용한다. 동력의 산출 방법을 각각 나타내면 다음과 같다.

HP와 kW의 단위를 비교하면 75 kW = 102 HP로 환산한다.

$$HP = (Q \times \Delta P \times \text{여유율}) / (75\ kW \times 60\ min/hr \times \text{효율}\eta) \quad \text{(식 5.1)}$$

$$kW = (Q \times \Delta P \times \text{여유율}) / (102\ HP \times 60\ min/hr \times \text{효율}\eta) \quad \text{(식 5.2)}$$

Q : 송풍량(m^3/min)
ΔP : 유효 전압(kgf/m^2)
여유율 ≒ 1.2(모터의 기동 여유율)
효율η : 송풍기의 일에 대한 능력(효율)

송풍량에 변화가 발생할 경우와 또한 초기 start에는 여유 동력이 필요하며 약 20% 정도의 여유값을 둔다. 동일 조건에서도 전압이 적고 송풍량이 많아지면 동력이 높게 소요되고, 반대로 전압이 많아지고 송풍량이 적어지면 동력이 낮게 소요된다. 따라서 동력은 송풍량(일의 양)이 중요하게 차지한다.

모든 기계는 효율 100%를 만족할 수가 없다. 특히 회전체의 경우는 더욱 그러하다. 현재 일반적으로 65~70% 정도의 효율이지만 기계의 발전이 진행되면서 효율은 높아질 것으로 예상된다.

문제 1 송풍량이 100 m^3/min이고 유효전압이 100 kgf/m^2이라면 소요동력은 얼마인가? 여유율은 20%로 하고 송풍기의 효율은 70%로 한다.

풀이 HP = (100 m^3/min × 100 kgf/m^2 × 1.2)/(75 kW × 60 min/hr × 0.7)
= 3.8 HP

그러나 motor의 규격품에 의해 5HP(3.75 kW) 산정

문제 2 송풍량이 7,200 m^3/hr이고 유효전압이 100 kgf/m^2이라면 소요동력은 얼마인가? 여유율은 20%로 하고 송풍기의 효율은 75%로 한다.

풀이 7,200 m^3/hr × 1 hr/60 min = 120 m^3/min

HP = (120 m^3/min × 100 kgf/m^2 × 1.2)/(75 kW × 60 min/hr × 0.75) = 4.27 HP
그러나 motor의 규격품에 의해 5HP(3.75 kW) 산정

SECTION 06 송풍량 조절

송풍량과 유효전압을 결정하여 설계 이후, 설계변경이 올 경우 또는 송풍기의 design에 약간의 오차가 있을 경우에는 조절을 하지 않으면 안 된다. 방법에는 다음의 방법으로 분류할 수 있다.

1 회전수 조절

송풍기의 상사법칙(Law of Similarity)에 의한다.

2 안내익(翼, guide vane) 조절

날개의 모형을 변형시키면서 송풍량과 압력을 조절할 수 있으며 날개가 펴질수록 송풍량은 많고 압력은 적어지며 날개의 각이 있을수록 송풍량이 적고 압력이 커진다.

3 Damper 부착

마치 수도꼭지와 같은 역할을 하며 물에서는 보통 valve라 표기하고 공기에서는 damper라 표기한다. 그러나 그 의미는 거의 동일하다. 역할은 damper의 개폐도를 조절하면서 송풍량과 압력을 조절하며 송풍량을 줄인다. branch용 damper는 상호 간 balance에 주로 사용된다.

송풍기의 적절한 송풍량을 조절하고 필요 환기를 위해서 damper는 중요한 역할을 하며 효율적인 운전을 위해서는 damper 전후는 정압을 체크하는 것이 중요하다.

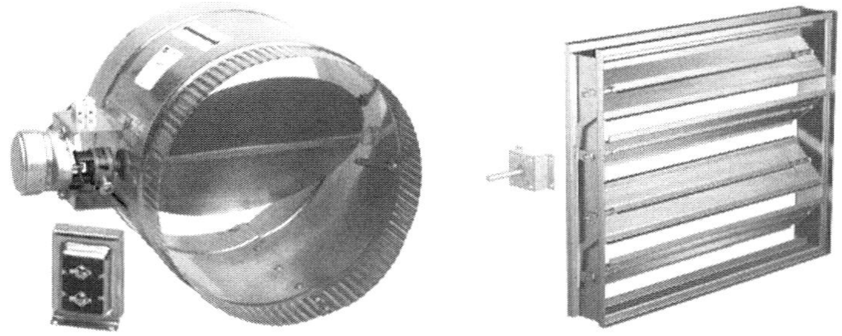

[그림 5-7] Damper의 종류(좌 : 원형, 우 : 사각형)

4 Inverter조절

Inverter는 직류를 교류로 변환시키면서 공급된 전원의 주파수(정격 주파수 : 60 Hz)를 변환시켜 Impeller의 회전수를 조절하는 기기이며 최근 전력비용, 에너지 저감과 효과적인 운전을 위해 환기에 다수 사용되고 있다. 송풍량과 압력손실은 여건과 필요에 따라서 빈번하게 달라지며 이런 경우 조절 장치로 적합하고 용이하다.

송풍기 상사 법칙에 의하면 회전수의 조절은 송풍량, 압력, 동력 조절이 동시에 가능하다.

[그림 5-8] Inverter

SECTION 07 Damper torque 계산

1 개요

환기장치의 구성에서 damper의 사용량이 많아지고 있으며 자동운전 시 trouble이 없이 가동되기 위해서는 Damper를 운전하는 힘의 계산이 선행되어야 한다. Damper의 사용 목적은 다음과 같으며 운전 방법은 air cylinder와 electric에 의해 Signal 운전을 한다.

- 송풍량 및 압력조절의 자동운전
- 화재 시 기류의 차단을 위한 개폐용
- 송풍기의 2W, 1Stand by 운전 시 자동 교환
- 역류 방지

2 계산 순서

송풍기에 의해 load되어 있는 압력을 예측하고 brade의 무게에 대응할 수 있는 load를 예측한다. 이 값으로 총 loading 값을 산출하여 적용한다.

총 loading = 공압load(duct내부 압력) + brade 무게 (식 5.3)

자동기기 힘 ≥총 loading×2배수

3 Auto Damper Design

(1) moving machine의 선정 방법

① loading rate의 결정

② loading rate의 200%로 machine의 결정

(2) loading rate의 결정

① 정압에 의한 moment of inertia + 자중에 의한 moment of mass

[표 5-3] Damper Calculation table

	moment of inertia/kgf	moment of mass/kgf	total moment/kgf
open	517/①	180/③	697 ≒ 800
close	646/②	180/③	826 ≒ 900

1. damper의 moment 산정은 open과 close로 각각 산정한다.
2. design은 최댓값(900kgf로 결정)

(3) Moment of inertia calculation #1

① I D fan spec : 1,100 m^3/min × 280 mmAq(정상운전)

280 mmAq → 280 kgf/m^2(비중량에 의해 결정)

② damper dimension : 1,250ϕ → 1.23 m^2

③ loading press : 280 kgf/m^2 × 1.23 m^2 = 344.4 kgf × sf(1.5) ≒ 517 kgf

(4) Moment of inertia calculation #2

① I D fan spec : 1,100 m^3/min × 280 mmAq → 350 mmAq(100% close)

350 mmAq → 350 kgf/m^2(비중량에 의해 결정)

② damper dimension : 1,250ϕ → 1.23 m^2

③ loading press : $350\ kgf/m^2 \times 1.23\ m^2 = 430.5\ kgf \times sf(1.5) \fallingdotseq 646\ kgf$

(5) Moment of mass calculation

① blade의 자중 : 1,250ϕ, 6 t(57.8 kgf × 1.2 = 70 kgf)

② Fgg : $[(\pi D^3)/6] \times \rho \times g \times 0.7 = 481N \fallingdotseq 50\ kgf$

③ loading press : $(70 + 50 = 120)\ kgf/m^2 \times sf(1.5) \fallingdotseq 180\ kgf$

(6) 결론

① damper의 개 · 폐를 위한 moment 값은 900 kgf이며 안전율 감안하여 1,800 kgf 이상이면 사용 가능함

② 따라서 pneumatic과 electric 선정은 어느 쪽을 선택해도 사용 가능함

③ 상기 design 값은 STS재질에 의한 6 t의 사용 기준 값으로 FRP damper를 사용할 경우는 moment of mass의 저하로 10% 정도 낮아져도 사용 가능함

SECTION 08 방화 Damper

1 방화 Damper의 필요성

화재발생 시 방화구획 벽체를 관통하는 환기 및 냉방시설의 Duct상에 방화 Damper가 없으면 Duct가 연기 및 화염의 전파 경로가 되어 다른 장소로 이동하게 된다. 이는 화재가 급속도로 번지게 하여 인명 및 재산상의 큰 피해로 이어지게 된다.

2 주의점

환기 및 냉방시설의 방화 Damper는 화재발생 시에 작동의 보장성이 중요하다. 따라서 화재발생 시 자동폐쇄 작동이 가장 중요하다. 현재 사용되고 있는 방법은 열적 센서에 의해 일정 온도 이상이 되면 자동 Close type을 사용한다. 그러나 방화 Damper라는 특수성으로 인해 잘 사용하지 않게 되고 이런 경우 센서의 먼지로 인한 오염, 기타 오작동 발생 시에 무용지물이 될 수 있으며 이로 인해 화재로 인한 큰 피해를 보게 된다. 따라서 안전한 방법으로는 일정 온도 이상이면 축이 끊어지면서 저절로 닫히는 이중 장치가 필요하다. 축의 재료로는 용융점이 낮은 주석소재가 적합할 것으로 판단된다. 또한 수시 점검이 가능한 구조로 되어 있어야 한다.

[표 5-4] 비철의 비중과 용융점

원소명	비중	용융점(℃)
알루미늄	2.70	659
안티늄	6.62	630
카드늄	8.65	321
금	19.32	1063
은	10.49	962
크롬	7.19	1800
주석	7.30	232
텅스텐	19.30	3500
탄티늄	16.60	2850
티타늄	4.51	1800
철	7.87	1530
구리	8.96	1083
납	11.36	327
니켈	8.90	1452
백금	21.45	1750
비스마스	9.80	271
베륨	1.85	1350
마그네슘	1.74	649
망간	7.43	1260
몰리브덴	10.22	2450
아연	7.13	419
비소	5.72	814
규소	2.33	1420
황동판	8.73	910
황동봉	8.50	880
스텐304	7.90	1400
스텐316	7.95	1400
청동	9.00	970

❸ 법적근거

"건축물의 피난, 방화 구조 등의 기준에 관한 규칙 제14조 2항 3호" 환기 및 난방, 냉방시설의 풍도가 방화구획을 관통하는 경우에는 관통 부분 또는 근접한 부분에 다음 각목의 기준에 적합한 댐퍼를 설치할 것. 다만, 반도체공장 건축물로서 방화구획을 관통하는 풍도의 주위에 스프링클러헤드를 설치하는 경우에는 그러하지 아니하다.

① 철재로서 철판의 두께가 1.5mm 이상일 것

② 화재가 발생한 경우에는 연기의 발생 또는 온도의 상승에 의하여 자동적으로 닫힐 것

③ 닫힌 경우에는 방화에 지장이 있는 틈이 생기지 아니할 것

④ 산업표준화법에 의한 한국산업규격상의 방화 댐퍼의 방연시험방법에 적합할 것

❹ 성능기준 : KS F 2815(배연설비의 검사표준)

① 재질은 1.5mm 이상의 철판일 것.

② 폐쇄 시의 누출량은 20℃에 1m²당 19.6N의 압력으로 매분 5m² 이하가 되도록 할 것

③ 미끄럼부는 열팽창, 녹, 먼지 등에 의해 작동이 저해받지 않는 구조일 것

④ 검사구, 점검구는 적정한 위치일 것

⑤ 부착 방법은 구조체에 견고하게 부착시키는 공법으로 화재 시에 덕트가 탈락, 낙하해도 손상하지 않을 것

⑥ 배연기의 압력에 의해 방재상 해로운 진동이나 간격이 생기지 않는 구조일 것

SECTION 09 | 송풍기의 상사법칙(Law of Similarity)

회전수의 증감에 의해 송풍량과 압력의 변환, 송풍기의 크기를 변환시키면서 발생되는 소요 동력을 산출하는 법칙을 상사법칙이라 한다.

1 송풍기의 크기가 같고 유체(공기)의 비중이 일정할 경우

(1) 제 1법칙

$Q_2 = Q_1 \times (N_2/N_1)$: 송풍량은 회전수에 비례

$P_2 = P_1 \times (N_2/N_1)^2$: 압력은 회전수의 제곱에 비례

$\mathrm{kW}_2 = \mathrm{kW}_1 \times (N_2/N_1)^3$: 동력은 회전수의 세제곱에 비례

2 송풍기의 회전수가 같고 유체(공기)의 비중이 일정할 경우

(1) 제 2법칙

$Q_2 = Q_1 \times (D_2/D_1)^3$: 송풍량은 직경의 세제곱에 비례

$P_2 = P_1 \times (D_2/D_1)^2$: 압력은 직경의 제곱에 비례

$\mathrm{kW}_2 = \mathrm{kW}_1 \times (D_2/D_1)^5$: 동력은 직경의 오제곱에 비례

(2) 제 3법칙

$Q_2 = Q_1 \times (N_2/N_1) \times (D_2/D_1)^3$

$P_2 = P_1 \times (N_2/N_1)^2 \times (D_2/D_1)^2$

$\mathrm{kW}_2 = \mathrm{kW}_1 \times (N_2/N_1)^3 \times (D_2/D_1)^5$

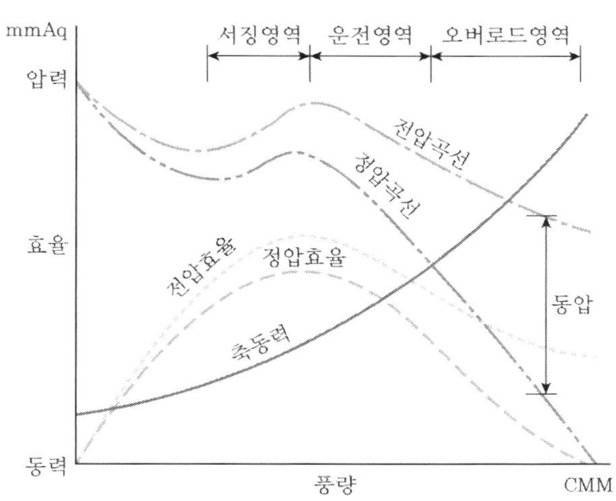

[그림 5-9] **송풍기 효율 곡선**

문제 1 어느 사업장의 송풍기의 운전 상태가 송풍량이 200m^3/min, 압력이 250 kgf/m^2, 동력이 15 kW로 가동되고 있으며 이때의 회전수는 1,200 rpm이었다. 송풍기의 용량이 약간 부족하여 Pulley교체 방식으로 회전수를 1,300 rpm 으로 수정하면 송풍량, 압력, 동력은 각각 얼마가 되는가?

풀이 $Q_2 = Q_1 \times (N_2/N_1)$

$= 200\ \text{m}^3/\text{min} \times (1{,}300\ \text{rpm} \div 1{,}200\ \text{rpm}) = 217\ \text{m}^3/\text{min}$

$P_2 = P_1 \times (N_2/N_1)^2$

$= 250\ \text{kgf/m}^2 \times (1{,}300\ \text{rpm} \div 1{,}200\ \text{rpm})^2 = 293\ \text{kgf/m}^2$

$\text{kW}_2 = \text{kW}_1 \times (N_2/N_1)^3$

$= 15\ \text{kW} \times (1{,}300\ \text{rpm} \div 1{,}200\ \text{rpm})^3 = 19\ \text{kW}$

문제 2 회전차 외경이 600mm인 원심송풍기의 송풍량이 300m^3/min, 압력이 200 kgf/m^2, 동력이 30 kW이다. 회전차 외경이 1,200mm 동류의 송풍기가 동일한 회전수로 운전된다면 이 송풍기의 송풍량, 압력, 동력은 얼마로 예상되는가?

풀이 $Q_2 = Q_1 \times (D_2/D_1)^3$

$= 300\ \text{m}^3/\text{min} \times (1{,}200\text{mm} \div 600\text{mm})^3 = 2{,}400\ \text{m}^3/\text{min}$

$P_2 = P_1 \times (D_2/D_1)^2$

$= 200\ \text{kgf/m}^2 \times (1{,}200\text{mm} \div 600\text{mm})^2 = 800\ \text{kgf/m}^2$

$\text{kW}_2 = \text{kW}_1 \times (N_2/N_1)^5$

$= 30\ \text{kW} \times (1{,}200\text{mm} \div 600\text{mm})^5 = 960\ \text{kW}$

SECTION 10 | Data sheet 효율곡선

1 개요

송풍기의 설계 시에 성능을 예상해야 하고 제작 후에는 시운전을 실시하여 그 송풍기의 시험 성적서를 작성해야 하며 그 시험 성적서를 data sheet라 한다. data sheet는 1정상 운전 시 참고 자료로 중요하며 그 자료를 보관, 이해해야 한다.

2 성능 곡선표

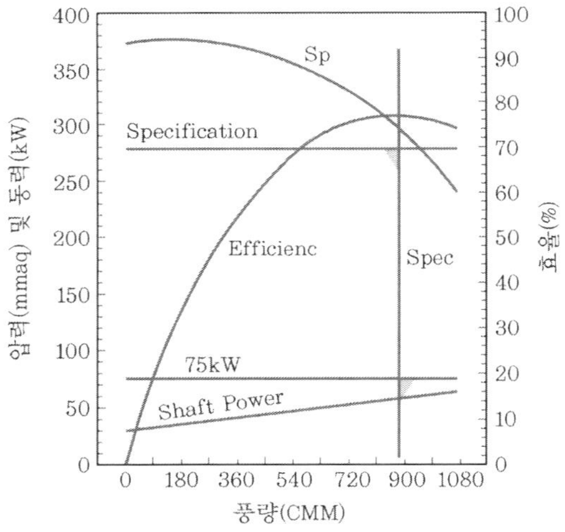

[그림 5-10] **송풍기 효율 곡선**

3 비교회전도에 따른 전압효율(%)

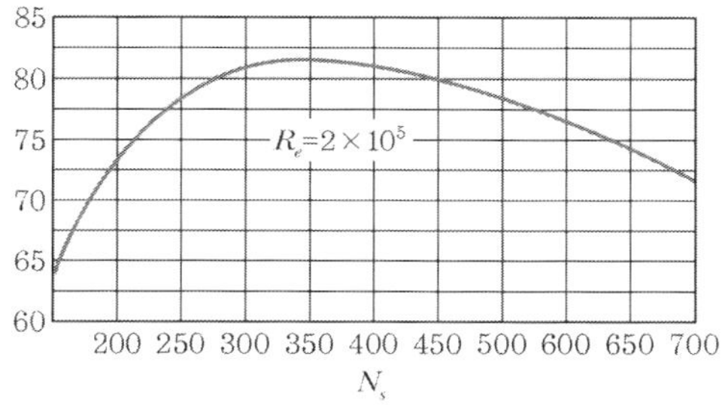

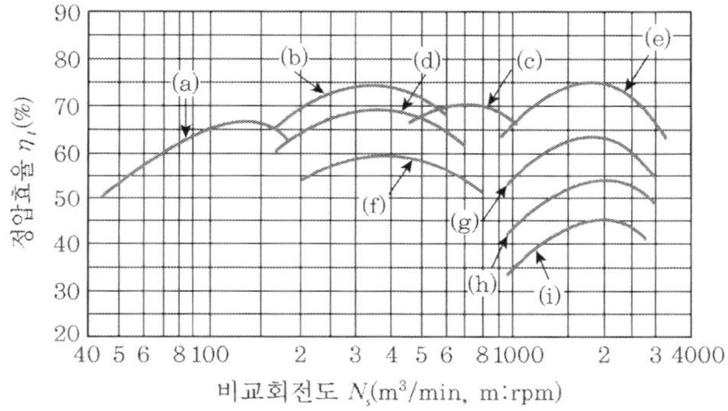

(a) Turbo Fan A Type(45~180)
(b) Turbo Fan B Type(170~610)
(c) Turbo Fan C Type(460~1050)
(d) 레이디얼 FAN(165~700)
(e) 유선형 안내깃을 가진 Axial Fan(900~3200)
(f) Sirocco Fan(200~800)
(g) 안내깃을 가진 축류 Axial Fan(1000~3000)
(h) 관상축류 Fan(1000~3000)
(i) 프로펠러 Fan(1000~2800)

– 비교회전도

단위송출량과 단위압력당 회전수로 Pump의 경우는 유량 1 m^3/min, 양정 1 m에서의 회전수를 의미한다.

$$rpm = Ns \times [(정압/1.2) \div (송풍량^{0.5})]^{0.75} \quad (식\ 5.4)$$

정압 : kgf/m^2
송풍량 : m^3/min

문제 어느 사업장의 송풍기를 결정하려 한다. 요구 조건이 송풍량이 50 m^3/min, 압력이 250 kgf/m^2, 비교 회전도를 350 rpm으로 하면 Impeller의 회전수는 얼마가 되는가?

풀이 rpm $= N_s \times [(\text{정압}/1.2) \div (\text{송풍량}^{0.5})]^{0.75}$

$= 350\ \text{rpm} \times [(250\ kgf/m^2/1.2) \div (50\ m^3/min^{0.5})]^{0.75}$

$= 3{,}413$ rpm

4 FAN Data Sheet 예

8	**OPERATION**			**CONDITIONS**	
9	Capacity (At Suction)	50	m^3 / min	GAS HANDLED	A I R
10	Static PR. (Dis. +Ps)		mmAq	COMPOSITION	
11	(Suc. -Ps)		mmAq	SOLID AT SUCTION	
12	(Total Ps)	220	mmAq	NO. REQ'D	2 SET
13	Temperature	25	℃	OPERATION	☑ Continuous ☐ Hr/Day
14	Relative Humidity	65	%	LOCATION	☐ In door ☑ OUT DOOR
15	Specific Weight	1.185	Kg / m^3	PRIME MOVER	☑ Motor drive ☐ DRIVE
16	**PERFORMANCE**			**MANUFACTURE FEATURES**	
17	SUC.SIZE Ø	450	mm	FAN TYPE	Centrifugal
18	AREA	0.159	m^2	FAN MODEL	BK A1 TF - VP 750
19	VELOCITY	5.2	m / s	CASE SPLIT	☐ HORIZONTAL ☐ VERTICAL ☑ NONE
20	DIS.SIZE IN	430 x 230 mm	OUT 550 x 260 mm	SUCTION TYPE	☐ Double ☑ Single
21	AREA	0.099	m^2	REV.VIEWED FROM DRIVER	☐ CW ☐ CCW
22	VELOCITY	8.4	m / s	BEARING	☑ BALL ☐ ROLLER ☐ ETC.
23	DYNAMIC PRESSURE	4.3	mmAq	UN-Load #	63 10
24	TOTAL PRESSURE	224.3	mmAq	Load #	63 8
25	FAN SPEED	1520	R.P.M	LUBRICANT	Grease(Shell Gadus S2 V100)
26	NO.OF STAGE 1 NS	207.7	m^3/min.rpm.m	HOUSING TYPE	SN3 10 / SN3 8
27	IMPELLER TYPE	Backward Curved Vane		Power Trans	☐ DIRECT ☑ V-BELT ☐ COUPLING
28	DIA	750		Base	☑ COMMON ☐ SOLE ☐ ETC.
29	TIP SPEED	59.7	m / s	SILENCER	☐ SUCTION ☐ DISCHARGE ☑ NOT REQ'D
30	GD^2	7.08	Kg - m^2	DAMPER	☐ SUCTION ☐ DISCHARGE ☑ NOT REQ'D
31	CRITICAL SPEED	4201.1	R.P.M	SHAFT SEAL	☑ GLAND ☐ ASBESTOS ☐ ETC.
32	AIR HORSE POWER	1.8	Kw	PRE. GAUGE	☐ SUCTION ☐ DISCHARGE ☑ NOT REQ'D
33	BRAKE HORSE POWER	2.8	Kw	TEMP. GAUGE	☐ SUCTION ☐ DISCHARGE ☑ NOT REQ'D
34	EFFICIENCY (TOTAL)	65	%	LEVEL GAUGE	☐ SUCTION ☐ DISCHARGE ☑ NOT REQ'D
35	NOISE AT 1m DIS(W/DUCT)	79.1	dB(A)	SCOPE	☐ A/C BOLT ☑ C.FLANGE ☑ SAF.GUARD
36	VIBRATION AT BEARING	3	mm/s		☐ INSULATION ☑ PAINTING ☐ ETC.
37	**LOADING DATA**			**MATERIALS**	
38	WEIGHT			CASING	FRP
39	FAN	400	Kg	IMPELLER	STS304+ETFE
40	BASE	359	Kg	SHAFT	STS304
41	DRIVER	42	Kg	BEARING HOUSING	GC200
42	TOTAL	801	Kg	BASE PLATE	SS400
43	**MOTOR**				
44	Supplied by BK E&B	Mount.by BK E&B		RATED OUTPUT	3.7 KW 4 P 3 PH 60 Hz
45	Manufacture HHI	TYPE TEFC. IP56. ES		SPEED	1740 RPM 440 V Rated Ampea 6.9 A
46	Frame NO. 112M	Bearing 6206ZZC / 6206ZZC		Lubricant	Grease(Shell Gadus S2 V100)
47	Insulation & Limiting temperature rise	F / B			

SECTION 11 | 소음, 진동, 전압과의 관계

1 동력과 전압과의 관계

(1) 개요

악취처리 장치를 설치한 후 설비가 정상적으로 가동되는지의 여부를 확인하기 위해 송풍량과 압력을 확인한다. 그러나 풍속계, 압력측정기를 비치하지 않은 경우에는 간이식으로 전기 MCC Panel에 부착되어 있는 암페어(전압)을 확인하면 어느 정도 예측이 가능하다. 암페어가 정상적이라면 적정한 송풍량과 압력으로 가동된다는 것을 증명한다.

암페어가 낮으면 송풍량이 낮거나 전체적으로 송풍기에 문제가 있다는 것을 의미하고 과부하의 암페어가 된다면 송풍량이 많고 압력이 적다는 뜻이거나 송풍기의 balance에 문제가 있다는 의미를 갖는다. 이런 의미에서 동력과 암페어의 관계는 중요한 의미를 가지고 있다.

예를 들어 자동차가 포장도로를 달릴 때와 비포장도로를 달릴 때, 비포장도로에서 많은 에너지를 소비한다는 뜻과 같다.

(2) 동력과 암페어의 관계식

$$\mathrm{kW} = \left[(\sqrt{3} \times \mathrm{\AA} \times V \times \eta \times \phi)/1{,}000\right] \quad \text{(식 5.5)}$$

Å : 암페어
V : 전압(voltage)
η : 효율(일반적으로 85%)
ϕ : 영율(일반적으로 88%)

(3) kW와 Å의 관계

전압에 따라 차이가 있으며 다음과 같다.

① 440 V : 0.57 Å/kW

② 380 V : 0.49 Å/kW

③ 220 V : 0.285 Å/kW

문제 송풍기를 설계한 결과 동력이 30 kW가 필요하였으며 이 사업장의 전압은 440볼트였다. 이런 경우 암페어는 어느 정도가 필요할 것으로 예측되는가?

풀이 $30\ kW = [(\sqrt{3} \times Å \times 440\ V \times 0.85 \times 0.88)/1{,}000]$

$Å = 52.6$

2 송풍기의 크기와 회전수에 따른 소음 예측

송풍기의 종류에는 여러 기종이 있지만 송풍량과 압력에 의해 type과 회전수가 결정되면 아래의 예시 표에 의해 소음을 예측하여 소음기의 필요 여부와 주변에 미치는 영향을 이론적으로 판단할 수 있다. 물론 설치 후에 정확한 값을 측정하지만 본 값은 이론적으로 예측한 table이며 정확도는 3% 이내에 든다.

아래 [표 5-5]은 164 m^3/min에 491 mmAq이고 회전수가 3400 rpm의 소음 예측값이며 예상값은 83.8 dB(A)였다. 예상값보다 3% 이상 소음이 발생한다면 bearing 또는 기타 부위에 이상이 있다는 것을 간접적으로 보여주는 것이다.

[표 5-5] SOUND POWER CALCULATION SHEET

	SOUND POWER CALCULATION SHEET	Page	4 OF 4
		Rev. No.	0
		Date	13-12-06

Customer						Mfg. No.		
End-user						No. of Fan	1	set(s)
Project						Item No.		
Flow Rate(Q)	164	m^3/min	qvm	5792	CFM	Impeller dia		mm
Total Press(Pt)	491	mmAq	P	19.3	inAq	Blade Type	Backward	
Fan Speed	3400	rpm				Total Effic.	75	%

1. Fan sound power levels Lw]

$$Lp = Kw + 10\log(qvm) + 20\log(P) + BFI + DB$$

$$Mw = 10\log(qvm) + 20\log(P)$$

$$Mw = 63.33$$

2. NOISE LEVEL ANALYSIS OF FAN

1. Frequency	[Hz]	63	125	250	500	1000	2000	4000	8000
2. Specific sound power level	[Kw]	36	38	36	34	33	28	20	15
3. 10 log (qvm)+20 log (P)	[Mw]	63.3	63.3	63.3	63.3	63.3	63.3	63.3	63.3
4. Blade frequency increment	[BFI]	-	-	3	-	-	-	-	-
5. Correction lactor for off peak operation	[DB]	6	6	6	6	6	6	6	6
6. Estmat fansound power level(dBre1pW)	[LP]	108.3	110.3	108.3	106.3	105.3	101.3	93.3	88.3
7. A-Weighting correction factor	[α]	-25	-15	-8	-3	0	1	1	1
8. A-weighted sound power level**	Lw(A)	83.3	95.3	100.3	103.3	105.3	100.3	92.3	87.3
9. A-weighted sound press level**	LP(A)	69.3	81.3	86.3	89.3	91.3	86.3	78.3	73.3

10.Sound Pressure[LP]Entirebend	83.8	dB(A)	at manufacture's Shop Test
	≤ 85	dB(A)	at Site W/Ducted, By Silencer

3.Table1-Specific sound power level [Kw] & Blade frequency increment [BFI]

Fan type	Imp. Size (mm)	Occur Hz	BFI	octave bend center frequency, Hz							
				63	125	250	500	1000	2000	4000	8000
Airfoil fan & Turbo fan	〉900	250Hz	3	32	32	31	29	26	23	15	10
	〈 900	250Hz	3	36	38	36	34	33	28	20	15

Turbo blower	500－1000	125Hz	8	55	48	48	45	45	40	38	36
	〈 500	125Hz	8	63	57	58	50	44	39	38	37
Multi blade fan	All size	500Hz	2	47	43	39	33	28	25	23	20
Vane axial flow fan	〉 1000	125Hz	6	39	36	38	39	37	34	32	30
	〈 1000	125Hz	6	37	39	43	43	43	41	38	35
Axial flow fan	〉 1000	63Hz	5	41	39	43	41	39	37	34	31
	〈 1000	63Hz	5	40	41	47	46	44	43	37	32

4. Table 2－Correction factor for off－peak operation, % of fan efficiency to peak [DB]

Fan efficiency % of peak operation	100－90	89－85	84－75	74－65	64－55	54－50	49－45	44－40	39－34
Correction	0	3	6	9	12	15	15	15	15

5. Table 3－Octave bend center frequency and "A"－weighting correction factor (by AMCA 301)

Octave bend		1	2	3	4	5	6	7	8
Octave bend center frequency	[Hz]	63	125	250	500	1000	2000	4000	8000
"A"－weighting correction factor	[dB]	－25	－15	－8	－3	0	1	1	1

3 진동의 예측

소음과 같이 송풍기에서의 진동은 기기의 이상 유무의 중요한 변수이다. 이상진동의 발생 시는 송풍기의 balance에 문제가 있다는 것을 증명하는 것이고 진동의 발생 시, 송풍기의 성능 발휘가 불가능하다. 또한 bearing의 문제 시에도 진동이 발생한다. 우리나라는 송풍기의 진동은 KSB－6312－1982로 규정하고 있다. 다음은 진폭과 회전수에 따른 진동속도와 사용 가능 여부를 예측하는 KS규정이다.

(1) 진동의 허용값(베어링 상자 위)

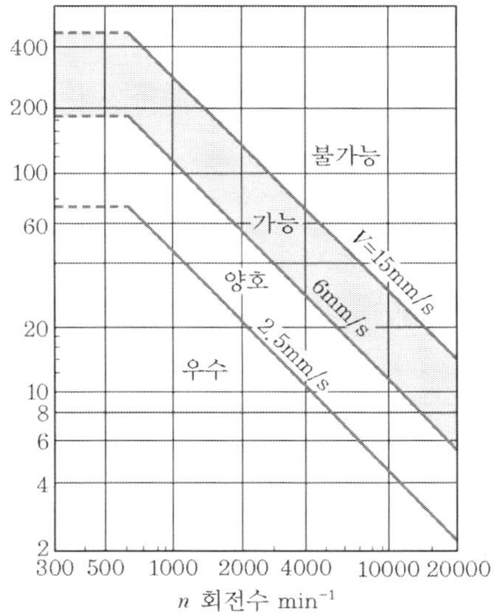

[그림 5－11] **회전수 진폭과의 KS규정**

(2) dB(진동값)과 A(진폭)과의 관계

진폭을 알고 있는 경우 진동값이 몇 dB인지 이론적으로도 예측이 가능하며 다음 식으로 표현 가능하다.

$$dB = [20\log(X/10^{-5})] - 20\ dB \qquad \text{(식 7.5)}$$

$X = W^2 A/\sqrt{2}$
$W = 2\pi f$
$f = rps(Revolution/sec) \times vane\ no$
$A =$ 진폭(μm)

(3) 방진스프링과 방진고무

송풍기는 회전체의 특수성으로 인해 가동 시 진동이 발생하게 된다. 최근 대형 사업장의 경우에는 송풍기를 옥상에 올리는 경우가 많으며 이런 경우 진동에 의한 피해가 심각할 수 있다. 따라서 하단부와 flame 사이에 진동차단제가 사용되며 선정방법 및 종류는 다음과 같다.

[표 5-6] 방진재의 선택기준

항목	코일스프링	방진고무	공기스프링
고유진동수(Hz)	2~10	5~100	0~5
다축방향 공용성	△	◎	○
감쇠성능	×	○	○
고주파 차진성 및 방음효과	×	○	◎
하중특성의 직선성	◎	○	○
내고온 · 내저온성	◎	△	△
내유성	◎	△	△
내열화성	◎	△	△
제품의 균일성	◎	△	△
내열팽창	◎	△	○
가격	安	中	高
중량	重	中	重
수명	◎	○	○

[표 5-7] 방진재료별 특성

방진재료		적용 고유진동수 (Hz)	감쇠성능	고주파차진성
금속스프링	(코일형) (중판형) (皿 형)	1~10 1.5~10 1.8~10	ξ=0.005 이하	문제 있음
방진고무	(전단형) (압축형) (복합형)	2~ 4~ 2~	내부 감쇠가 있는 금속의 100 배 이상	양호
공기스프링		0.7~3.5	ξ=0.05~1	우수

$$수직고유진동수(fm)=(1/2\pi)\times[(g\times A\times k)\div(Wm+Wf)]^{0.5} \quad (식\ 5.6)$$

fm : 고유진동수 Hz

g : 9.8m/sec^2

A : 기초가 지반에 접하는 면적(cm^2)

k : 지반 종류별 수직 지반 계수(2~13kgf/cm^2)

Wm : 기계중량(N)

Wf : 기초 대 중량(N)

– 수평방향 고유 진동수 : 수직고유 진동수의 산출 방법과 동일하며 단 "k : 지반 종류별 수직 지반 계수(2~13kgf/cm^2)" 값만 수직계수의 60~70%로 결정한다.

4 Shaft, Boss, 흡입구 직경

Boss는 Shaft 직경과 연결되어 송풍기 내부에 장입되는 것으로 Shaft 직경에 20~50 mm 정도를 더하여 일반적으로 사용한다. 너무 크면 입구의 면적을 감소시키는 효과를 가져 온다. 따라서 Shaft 직경을 구한 후 결정이 된다.

(1) Shaft 직경(mm) = $180 \times (H \div N)^{0.25}$

H : Shaft 전달 마력
N : 회전수(rpm)

문제 회전수가 1,500 rpm이고 동력 전달이 20 HP이면 Shaft 직경은 몇 mm가 필요하고 Boss의 크기는 어느 정도가 적당한가?

풀이
- Shaft 직경(mm) = $180 \times (H \div N)^{0.25}$

  H : 20 HP
  N : 1,500 rpm

- Shaft 직경(mm) = $180 \times (20\ HP \div 1,500\ rpm)^{0.25} = 61.16\ mm ≒ 65\ mm$
- Boss 직경(mm) = Shaft 직경 + 30 mm = 95 mm

(2) 흡입구 직경(Di)

송풍기의 흡인구의 크기를 말하며 Boss직경과 회전수에 의해 결정된다.

$$Di = 1.05 \times [db^2 + 10.6 \times (Q \div RPH)^{0.67}]^{0.5} \quad \text{(식 5.7)}$$

Di : 흡입구 직경(mm)
db : Boss직경(mm)
Q : 송풍량 (m^3/min)
RPH : rpm × 60 min/hr = 시간당 회전수

SECTION 12 | 자연 통풍력

제련소

소성로

예부터 선조들은 한옥의 굴뚝을 높게 하여 자연의 힘을 이용하였으며 도자기를 굽는 장인들은 배기구를 산 정상에 위치시키는 지혜로운 생활을 하였다. 자연 통풍력이란 이처럼 송풍기를 이용하지 않고 자연의 힘의 원리로 배기가 가능하도록 해 주는 힘으로, 온도와 고도에 따라 스스로의 물리적 현상에 의해 발생되는 힘을 의미한다.

사용 용도는 발생기류가 고온인 경우에 많이 사용되고 고온인 경우는 굴뚝(배기구)을 올려 주면 상당 부분의 통풍력으로 배기가 가능하다. 다음은 자연 통풍력을 예측하는 식이다.

$$P = 355 \times H\{[1/(273+ta)] - [1/(273+tg)]\} \quad \text{(식 5.8)}$$

$$P = 273 \times H\{[ra/(273+ta)] - [ra/(273+tg)]\} \quad \text{(식 5.9)}$$

P : 자연 통풍력(mmAq)
H : 굴뚝 높이 m
ta : 주변 공기 온도 ℃
tg : 기류 공기 온도 ℃
ra : 주변 공기 밀도(kg/Sm^3)
rg : 기류 공기 밀도(kg/Sm^3)

상기 식 5.8과 5.9는 동일한 식이며 기체의 밀도를 감안한 경우와 별도로 계산 차이이며 값과 식은 동일하다. 따라서 어느 식을 이용해도 무방할 것으로 생각한다.

$$P = H(ra - rg)$$

P : 자연 통풍력(mmAq)
H : 굴뚝 높이 m
ra : 주변 공기 밀도(kgf/am^3)
rg : 기류 공기 밀도(kgf/am^3)

SECTION 13 | 송풍기 선정, 운전 요령

① 송풍량 결정 : 송풍량은 전체배기, 국소배기, 연소과정의 연소 가스량, 보일러의 연소 가스량에 의해 결정

② 압력손실 계산 : Hood에서 duct, 방지시설, 기타(damper 등) 전체적인 직렬로 계산, 병렬은 분지점에서 압력평형 조절만 함. 배출시설과 직접 연결된 경우는 생산시설 내부의 음압 조절을 감안해야 함. 생산시설과 직결된 경우, 송풍기는 단순히 대기방지시설용이 아닌 생산 장비의 일원이 될 수 있음. 송풍기의 trouble로 생산제품이 손실 되는 경우가 많으며 화재 폭발로 이루어 질 수도 있음(예 반도체 공장, 요업공장, Battery 공장; 화성라인 수소가스 폭발)

③ 송풍량과 압력손실을 이용하여 동력을 산정한다. 동력의 산정은 초기 가동을 위해 약 30%정도 여유 있게 하는 것이 바람직하고 가능한 Inverter(주파수 변속기)를 사용하면 동력비용 절감이 되고 효율적 운전이 용이함.

④ 송풍기의 자료를 보고 송풍량과 압력손실, 동력을 보면 크기(호수) 결정이 가능하며, 크기를 결정할 경우 rpm(회전수)은 중요한 변수가 된다. 송풍기의 재질이 금속재가 아닌 고분자계(FRP, PVC, PP 등)를 사용할 경우, 대용량에는 강도와 Balance를 감안하여 rpm을 1,000rpm 이하로 하는 것이 바람직하다.

⑤ 송풍기 재질 결정 : 부식성을 고려하여 선정하고 대용량의 경우는 고분자계는 피하고 부식관계로 인해 고분자계가 필요할 때는 소용량을 여러 개 병렬 운전하는 것이 바람직하다.

⑥ 송풍기 결정이 끝나면 Impeller, Shaft, Bearing, 방진 spring, Damper 등을 결정하며 본 서의 설계요령에 의해 결정한다.

⑦ 최종적으로 balance machine에 의해 static balance(정 발란스), dynamic balance(동 발란스)를 확인해야 한다. balance가 틀리면 떨림 현상과 소음이 발

생하며, 송풍기의 효율이 떨어져 심하면 임펠러의 파손으로 인해 대형사고로 확대되어 인명을 살상할 수 있다. 가동 중에도 임펠러의 상태나 balance 상태는 정기적으로 확인해야 한다. 운전 중에 달라질 수도 있기 때문이다.

⑧ 습식 방지시설 또는 기타 이유로 송풍기에 물방울이 유입될 경우가 예상되면 반드시 차단해야 하고 부득이 한 경우는 drain 장치를 설치해야 한다. 장치를 부착하지 않으면 임펠러가 물에 잠겨 대형사고가 발생한다.

⑨ 정기적으로 송풍기 내부의 이물질 부착 여부를 확인하고 청소를 해야 한다. 이물질의 접착성으로 임펠러에 붙는 경우가 많이 있다.

⑩ 송풍기의 보호 차원에서 송풍기의 위치는 방지시설 전단에 위치하는 것이 바람직하며 압력의 분배는 전 · 후단의 비율을 비슷하게 하는 쪽이 유리하다.

SECTION 14 송풍기의 설계 순서

1 개요

- 송풍기의 설계는 송풍기의 흡입구에서 토출구까지 공기역학적 설계와 기계구조적 설계로 구분한다.
- 공기역학적 설계는 기류의 복잡한 형상으로 송풍량, 압력에 의해 결정하며 기계구조적 설계는 축, Pulley, Boss, Belt, Bearing 등으로 분류할 수 있다.

2 설계 순서

- 송풍량, 필요정압 및 전압
- 유체의 특성(온도, 습도, 먼지의 함유도)
- 송풍기의 호수(외형 크기 결정)
- 회전수 결정(비교 회전도, 정압, 송풍량에 의해 결정되며 비교 회전도는 송풍기의 크기와 type에 의해 결정한다.)
- 동력 결정
- 임펠러 크기 결정

  임펠러 직경＝[(60×원주 속도)÷(π×회전수)]

  원주 속도＝주속 계수×(2×g×전압수두)
- 흡입구 규격 결정
- Boss 결정
- Belt 결정

3 성능시험

- 소음 측정(발생원에서 1m 이격 거리에서 측정)
  설계 예측값보다 높은 경우 Balance 확인 필요
- 진동 측정 (베어링 상자 위에서 측정 KS규정에 합치)
  설계 예측값 보다 높은 경우 Balance 확인 필요하며 추가로 송풍량과 유효 정압 확인 필요. Balance가 흔들리면 송풍량과 유효 정압이 낮아지게 됨
- 풍도관에 의한 송풍량, 정압, 동압 실험으로 3% 오차 범위 인정
- 암페어 확인(동력과 송풍량과 암페어는 서로 역학 관계에 있음)
- Balance확인(정발란스, 동발란스) : 정발란스, 동발란스는 정지 상태에서의 균형과 회전체에서의 균형을 의미한다.
  - 정발란스(Static Balance) : 중심과 회전체의 중심이 합치하는 것을 의미한다.
  - 동발란스(Dynamic Balance) : 회전체가 회전할 때에 회전축에 관하여 원심력 및 원심력이 만드는 모멘트로 전부 영이 되는 경우를 의미한다.

부록

CONTENTS

SECTION 01 | 단위 환산표

Lenth :

1 ft = 0.3048 m = 12 in. = mil/5280 = nautical mile/6076 = km/3281

1 m = 3.280 ft = 39.37 in. = 1000 mm = 10^6 Å

= km/1000 = 10^6 μm = 10^9 nm = 10^{10} Å

Mass :

1 lbm = 0.45359 kg = short ton/2000 = long ton/2240 = 16 oz(av.)

= 14.58 oz(troy) = metric ton(tonne)/2204.63 = 7000 grains

= slug/32.2

1 kg = 2.2046 ibm = 1000 kg = (metric ton or tonner or Mg)/1000

Force :

1 lbm = 4.4482 N = 32.2 lbm · ft/s^2 = 32.2 poundal = 0.4536 kgf

1 N = 0.2248 lbf = kg · m/s^2 = 10^5 dyne = kgf/9.81

Volume :

1 ft^3 = 0.0283 m^3 = 28.31 liters = 7.48 US gallons

= 6.23 imperial gallons = acre−ft/43,560

1 US gallon = 231 in.^{3} = barrel(petroleum)/42 = 4 US guarts = 8 US pints

= 3.785 liters = 0.003785 m^3

1 m^3 = 35.29 ft^3 = 1000liters

Energy :

$1\ Btu = 1055\ J = 1.055 kW \cdot s = 2.93 \times 10^{-4} k조 = 252\ cal$

$= 777.97\ ft \cdot lbf = 3.93 \times 10^{-4} hp \cdot h$

$1\ J = 1\ N \cdot m = 1\ W \cdot s = 1\ volt \cdot coulomb = 9.48 \times 10^{-4}\ Btu$

$= 0.239\ cal = 10^{7}\ erg = 6.24 \times 10^{18}\ electron\ volts$

Power :

$1\ hp = 550\ ft \cdot lbf/s = 33{,}000\ ft \cdot lbf/min = 2545\ Btu/h = 0.746\ kW$

$1\ W = J/s = N \cdot m/s = Volt \cdot ampere = 1.34 \times 10^{-3}\ hp = 0.239\ cal/s$

$= 9.49 \times 10^{-4}\ Btu/s$

Pressure :

$1\ atm = 101.3\ kPa = 1.013\ bar = 14.696\ lbf/in.^2 = 33.89\ ft.\ of\ water$

$= 29.92\ inches\ of\ mercury = 1.033\ kgf/cm^2 = 10.33\ m\ of\ water$

$= 760\ mm\ of\ mercury = 760\ torr$

$1\ psi = atm/14.696 = 6.89\ kPa = 27.7\ in. H_2O = 51.7\ torr$

$1\ Pa = N/m^2 = kg/m \cdot s^2 = 10^{-5}\ bar = 1.45 \times 10^{-4}\ lbf/in.^2$

$= 0.0075\ torr = 0.0040\ in.\ H_2O$

Viscosity :

$1\ cp = 0.01\ poise = 0.01\ g/cm \cdot s = 0.001\ kg/m \cdot s = 0.001 Pa \cdot s$

$= 6.72 \times 10^{-4}\ lbm/ft \cdot s = 2.42\ lbm/ft \cdot h = 2.09 \times 10^{-5}\ lbf \cdot s/ft^2$

$= 0.01\ dyne \cdot s/cm^2$

Kinematic Viscosity :

$$1\ cs = 0.01\ stoke = 0.01\ cm^2/s = 10^{-6}\ m^2/x = 1\ 체(g/cm^3)$$
$$= 1.08 \times 10^{-5}\ ft^2/s = 체/(62.4\ lbm/ft^3)$$

Temperature :

$$K = ℃ + 273.15 = °R/1.8 \approx ℃ + 273 \qquad ℃ = (°F - 2)/1.8$$
$$= °R + 459.67 = 1.8\ K \approx °F + 460 \qquad °F = 1.8℃ + 32$$

PPM :

대기오염 관련 책자 및 이 책에서 ppm은 부피 또는 몰 분율로서 1/1,000,000을 의미한다. 이는 이상기체에 해당되는 것이며, 1 atm하에서도 실질적으로 적용될 수 있다. 수질이나 토양에 적용되는 ppm은 대개 질량 분율을 나타낸다.

Psia, Psig :

Psia는 pounds/in^2–absolute, 즉 절대 압력 기준이다. Psig는 pounds/in^2–g–auge, 즉 계기 압력 기준이다.

SECTION 02 기초 표기법

(1) 그리스문자

문자		읽는 방법	문자		읽는 방법
A	α	alpha	N	ν	nu
B	β	beta	Ξ	ξ	xi
Γ	γ	gamma	O	o	omicron
Δ	δ	delta	Π	π	pi
E	ε	epsilon	P	ρ	rho
Z	ζ	zeta	Σ	σ	sigma
H	η	eta	T	τ	tau
Θ	θ	theta	Υ	υ	upsion
I	ι	iota	Φ	φ	phi
K	κ	kappa	X	χ	chi
Λ	λ	lambda	Ψ	ψ	psi
M	μ	mu	Ω	ω	omega

(2) 수에 관한 중요한 접두어

수	접두어	수	접두어
1	mono–, uri–	6	hexa–, sexi
2	di–,bi–, bis–*	7	hapta–, septi
3	tri–, ter–, tris–*	8	octa–, octi–
4	tetra–, quater	9	rnnra–, nona–, novi–
5	penta–, quinque–	10	deca–, deci–

*표는 복잡한 기명 등이 뒤에 올 때 사용함

(3) 단위환산표

1 dyne = 1 g · cm/sec^2	1 atm = 760 torr = 760 mmHg
1 erg = 1 dyne · cm = 1 g · cm^2/sec^2	= 14.71 b/in^2
1 J = 1 × 107 erg	= 1.013 × 106 dyne/cm^2
1 cal = 4.184 J	1 A = 1 × 10^{-10}m = 10mμ = 10nm
1 eV/ion = 23 kcal/moie	1 amu = 1.661 × 10^{-24} g
1 kcal/moie = 350cm^{-1}	1 poise = 1 dyne · sec/cm^2
1 C = 3 × 109 esu	1 inch = 2.540 cm
1 watt = 1 A–volt	1 lb = 453.59 g
1 A = 1C/sec	1 U.S. quart = 0.94633 l
1 Ω = 1 volt/A	1 ml = 1 × 10^{-3} l = 1cm^3 = 1cc

(4) 물리상수

명칭	기호	상수
avogadro 수	N	6.02 × 10^{23} molecules/mole
boltzmann 상수	k	1.3806 × 10^{-16} erg/molecule
전자의 전하	e	1.602 × 10^{-19} C = 4.80 × 10^{-10} esu
faraday 상수	F	9.6487 × 10^4 C/mole
전자의 정지질량	m	9.1096 × 10^{-28} g
plank 상수	h	6.6262 × 10^{-27} erg · sec
기체상수	R	8.21 × 10^{-2} l · atm/mole · deg
		8.3143 J/mole · deg
진공에서 빛의 속도	c	2.9979 × 10^{10} cm/sec
20℃에서 빛의 속도		13.5939 g/cm^3
해면에서 중력 가속도	g	9.80616 × 102 cm/sec^2

SECTION 03 | 수증기의 증기압표

단위 : mmHg

t℃	0.0	0.1	0.2	0.3	0.4	0.5	0.6	0.7	0.8	0.9
0	4.579	4.613	4.647	4.681	4.715	4.750	4.785	4.820	4.855	4.890
1	4.926	4.962	4.998	5.034	5.070	5.109	5.144	5.161	5.219	5.256
2	5.294	5.332	5.370	5.408	5.447	5.486	5.525	5.563	5.605	5.645
3	5.685	5.725	5.766	5.807	5.848	5.889	5.931	5.973	6.013	6.059
4	6.101	6.144	6.187	6.230	6.274	6.318	6.303	6.405	6.483	6.498
5	6.543	6.589	6.635	6.681	6.728	6.775	6.822	6.869	6.917	6.955
6	7.013	7.052	7.111	7.160	7.209	7.239	7.309	7.360	7.411	7.462
7	7.513	7.555	7.617	7.669	7.722	7.775	7.828	7.882	7.936	7.990
8	8.045	8.100	8.155	8.211	8.267	8.323	8.380	8.437	8.494	8.551
9	8.609	8.568	8.727	8.786	8.845	8.905	8.985	9.025	9.056	9.147
10	9.208	9.271	9.333	9.395	9.458	9.521	9.585	9.649	9.715	9.779
11	9.844	9.910	9.976	10.042	10.109	10.176	10.244	10.312	10.380	10.449
12	10.518	10.588	10.658	10.728	10.799	10.870	10.941	11.013	11.055	11.158
13	11.231	11.305	11.379	11.453	11.528	11.604	11.680	11.756	11.833	11.910
14	11.937	12.065	12.144	12.223	12.302	12.382	12.482	12.543	12.624	12.706
15	12.785	13.870	12.953	13.037	13.121	13.205	13.290	13.375	13.461	13.547
16	13.634	13.721	13.609	13.898	13.967	14.076	14.166	14.256	14.347	14.438
17	14.530	14.622	14.715	14.809	14.903	14.997	15.092	15.188	15.264	15.380
18	15.477	15.575	15.87	15.772	15.871	15.971	16.071	16.171	16.272	16.374
19	16.477	16.581	16.685	16.789	16.894	16.999	17.105	17.212	17.319	17.427
20	17.535	17.644	17.753	17.863	17.974	18.085	18.197	18.309	18.422	18.535
21	18.650	18.765	18.880	18.996	19.113	19.231	19.349	19.468	19.587	19.707
22	19.827	19.948	20.070	20.193	20.316	20.440	20.545	20.690	20.815	20.941
23	21.068	21.196	21.324	21.453	21.583	21.714	21.845	21.977	22.110	22.243
24	22.377	22.512	22.648	22.785	22.922	23.050	23.198	23.337	23.476	23.815

25	23.733	23.697	24.039	24.182	24.326	24.471	24.617	24.764	24.912	25.060
26	25.209	25.350	25.509	25.650	25.812	25.964	26.117	26.271	26.426	26.582
27	26.739	26.897	27.063	27.214	27.374	27.535	27.695	27.858	28.021	28.185
28	28.349	28.514	28.680	28.847	29.015	29.184	29.354	29.525	29.697	29.870
29	30.043	30.217	30.392	30.568	30.745	30.923	31.102	31.281	31.461	31.642
30	31.824	32.007	32.191	32.376	32.561	32.747	32.934	33.122	33.312	33.503
31	33.695	33.888	34.082	34.276	34.471	34.667	34.854	35.062	35.261	35.462
32	35.653	35.865	36.068	36.272	36.477	36.683	36.891	37.009	37.308	37.518
33	37.729	37.942	38.155	38.369	38.584	38.801	39.018	39.237	39.457	39.677
34	39.896	40.121	40.344	40.569	40.796	41.023	41.251	41.480	41.710	41.942
35	42.175	42.409	42.644	42.880	43.117	43.355	43.595	43.836	44.078	44.320
36	44.553	44.808	45.054	45.301	45.679	45.799	46.050	46.302	45.558	46.811
37	47.057	47.324	47.582	47.841	48.102	48.364	48.627	48.801	49.157	49.424
38	49.692	49.851	50.231	50.502	50.774	51.048	51.323	51.600	51.879	52.150
39	52.442	52.725	53.009	53.294	53.580	53.887	54.156	54.446	54.737	55.030
40	55.324	55.61	55.91	56.21	56.51	56.81	57.11	57.41	57.72	58.03
41	58.34	58.65	58.96	29.27	59.58	59.90	60.22	60.54	60.88	61.18
42	61.50	61.82	62.14	62.47	62.80	63.13	63.46	63.79	64.12	64.45
43	64.80	65.14	65.48	65.82	66.16	66.51	66.86	67.21	67.56	67.91
44	68.25	68.61	68.97	69.33	69.69	70.05	70.41	70.77	71.14	71.51
45	71.88	72.25	72.62	72.99	73.36	73.74	74.12	74.50	74.88	75.23
46	75.65	76.04	76.43	76.82	77.21	77.60	78.00	78.40	78.80	79.20
47	79.60	80.00	80.41	80.82	81.23	81.64	82.05	82.46	82.87	83.29
48	83.71	84.13	84.56	84.99	85.42	85.85	86.28	86.71	87.14	87.58
49	88.02	88.46	88.90	89.34	89.79	90.24	90.60	91.14	91.59	92.05
50	92.51	97.20	102.09	107.20	112.51	116.04	123.80	129.82	135.08	142.60
60	149.38	158.43	163.77	171.38	179.31	187.54	196.06	204.96	214.17	223.73
70	233.7	243.9	254.6	265.7	277.2	289.1	301.4	314.41	327.3	341.0
80	355.1	369.7	384.9	400.6	416.8	433.6	450.9	468.7	487.1	506.1
90	525.75	527.76	529.76	531.78	533.80	535.82	535.82	539.90	541.95	544.00
91	546.05	548.11	548.11	552.26	554.35	556.44	556.44	560.64	562.75	564.87

92	566.99	569.12	569.12	573.40	575.33	577.71	577.71	582.04	584.22	586.41
93	588.60	590.80	590.80	595.21	597.43	599.66	599.66	604.13	606.38	605.64
94	410.90	613.17	613.17	617.72	620.01	622.31	622.31	626.92	629.24	631.57
95	633.90	636.24	636.24	640.94	643.30	645.67	645.67	650.43	658.82	655.22
96	657.62	660.03	660.03	664.88	667.31	669.75	669.75	674.66	677.12	679.69
97	682.07	684.33	654.33	689.54	692.03	694.57	694.57	699.63	702.17	704.71
98	707.27	709.83	709.83	716.98	717.56	720.13	720.15	725.36	727.96	730.61
99	733.24	735.88	735.88	741.18	743.85	746.52	746.52	751.89	754.58	767.29
100	760.00	762.72	762.72	768.19	770.93	773.66	773.66	779.22	782.00	784.75
101	787.57	790.37	790.37	796.00	795.00	801.65	801.65	807.35	810.21	813.03

SECTION 04 | 공기의 성질

온도 T (℃)	밀도 r (kg/m³)	비열 Cp (kcal/kg · ℃)	점성계수 μ (kg/m · sec)	동점성계수 (m²/sec)
−100	1.984	0.241	1.21×10^{-5}	0.0598×10^{-4}
−50	1.533	0.240	1.49×10^{-5}	0.0953×10^{-4}
−20	1.348	0.240	1.65×10^{-5}	0.120×10^{-4}
0	1.251	0.240	1.46×10^{-5}	0.138×10^{-4}
20	1.166	0.240	1.86×10^{-5}	0.156×10^{-4}
40	1.091	0.241	1.95×10^{-5}	0.175×10^{-4}
60	1.023	0.241	2.05×10^{-5}	0.196×10^{-4}
80	0.968	0.241	2.14×10^{-5}	0.217×10^{-4}
100	0.916	0.242	2.23×10^{-5}	0.239×10^{-4}
120	0.869	0.242	2.32×10^{-5}	0.262×10^{-4}
140	0.827	0.243	2.40×10^{-5}	0.285×10^{-4}
160	0.789	0.243	2.48×10^{-5}	0.308×10^{-4}
180	0.754	0.244	2.56×10^{-5}	0.333×10^{-4}
200	0.722	0.245	2.64×10^{-5}	0.359×10^{-4}
250	0.652	0.247	2.83×10^{-5}	0.426×10^{-4}
300	0.596	0.250	3.01×10^{-5}	0.495×10^{-4}
350	0.548	0.253	3.18×10^{-5}	0.569×10^{-4}
400	0.508	0.255	3.34×10^{-5}	0.645×10^{-4}
500	0.442	0.261	3.65×10^{-5}	0.810×10^{-4}
600	0.391	0.267	3.94×10^{-5}	0.988×10^{-4}
800	0.319	0.276	4.47×10^{-5}	1.37×10^{-4}
1,000	0.265	0.285	4.94×10^{-5}	1.83×10^{-4}
1,200	0.232	0.293	5.38×10^{-5}	2.27×10^{-4}
1,400	0.204	0.302	5.79×10^{-5}	2.78×10^{-4}
1,600	0.183	0.312	6.17×10^{-5}	3.31×10^{-4}

SECTION 05 | 물질별 부식표

TABLE 23-2 Detailed Corrosion Data on Construction Materials*

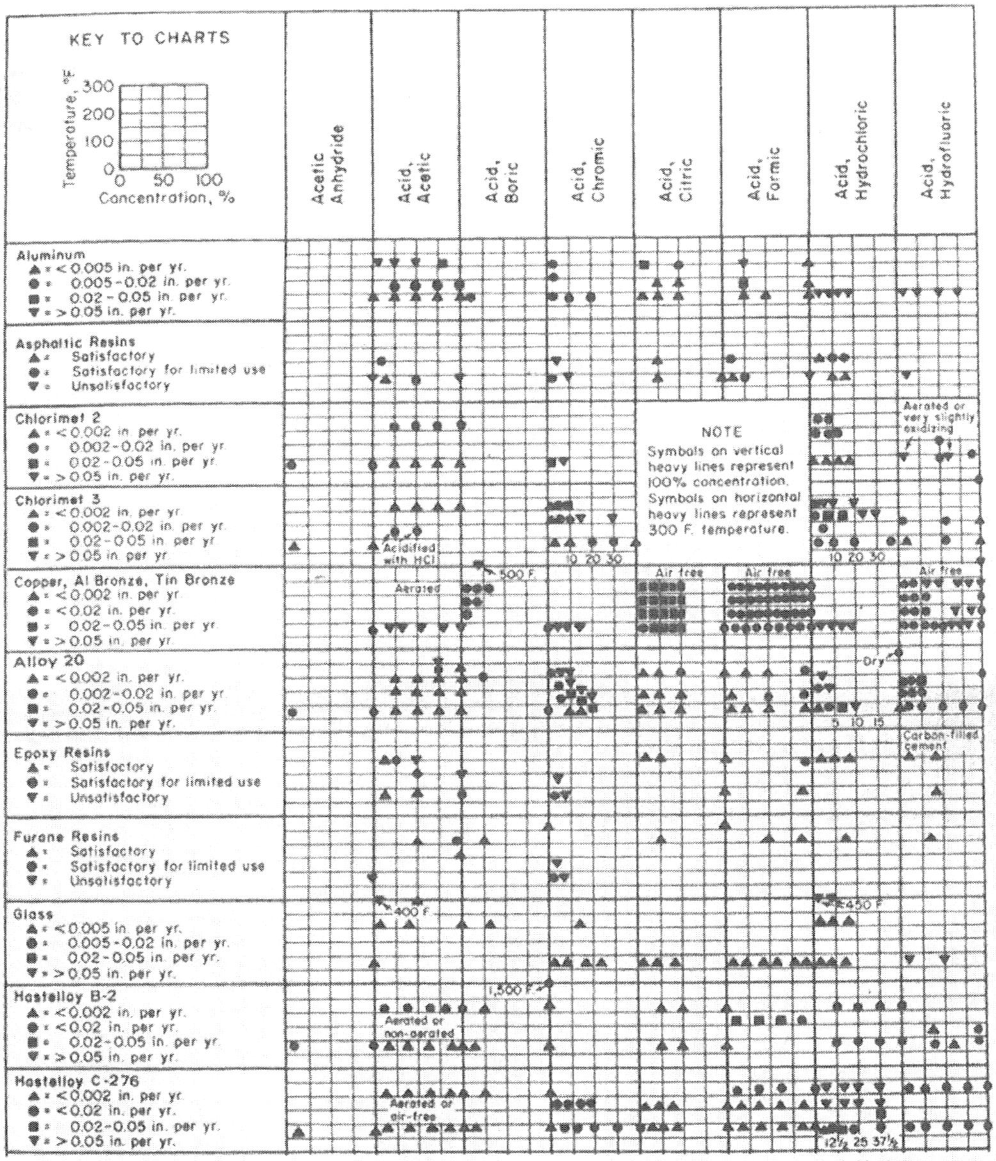

*Based on information published in *Chemical Engineering* magazine. These charts are to assist in narrowing your field of choice. They should not be used for anything more. Effects of contaminants, aeration, galvanic coupling, erosion, etc., must be taken into account. Field tests are best for determining suitability. To convert from inches to millimeters, multiply by 25.4.

TABLE 23-2 Detailed Corrosion Data on Construction Materials* *(Continued)*

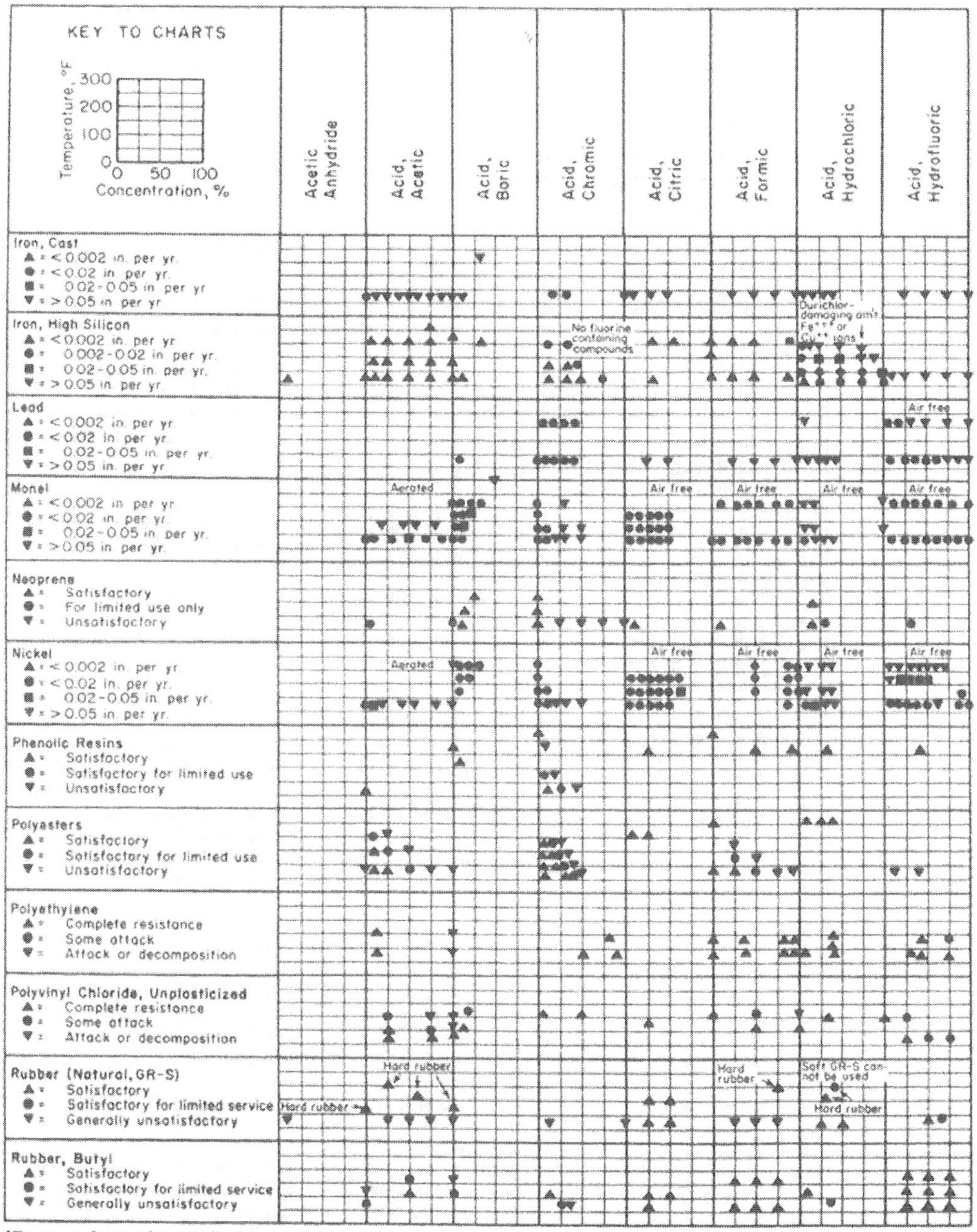

*To convert from inches to millimeters, multiply by 25.4.

TABLE 23-2 Detailed Corrosion Data on Construction Materials* *(Continued)*

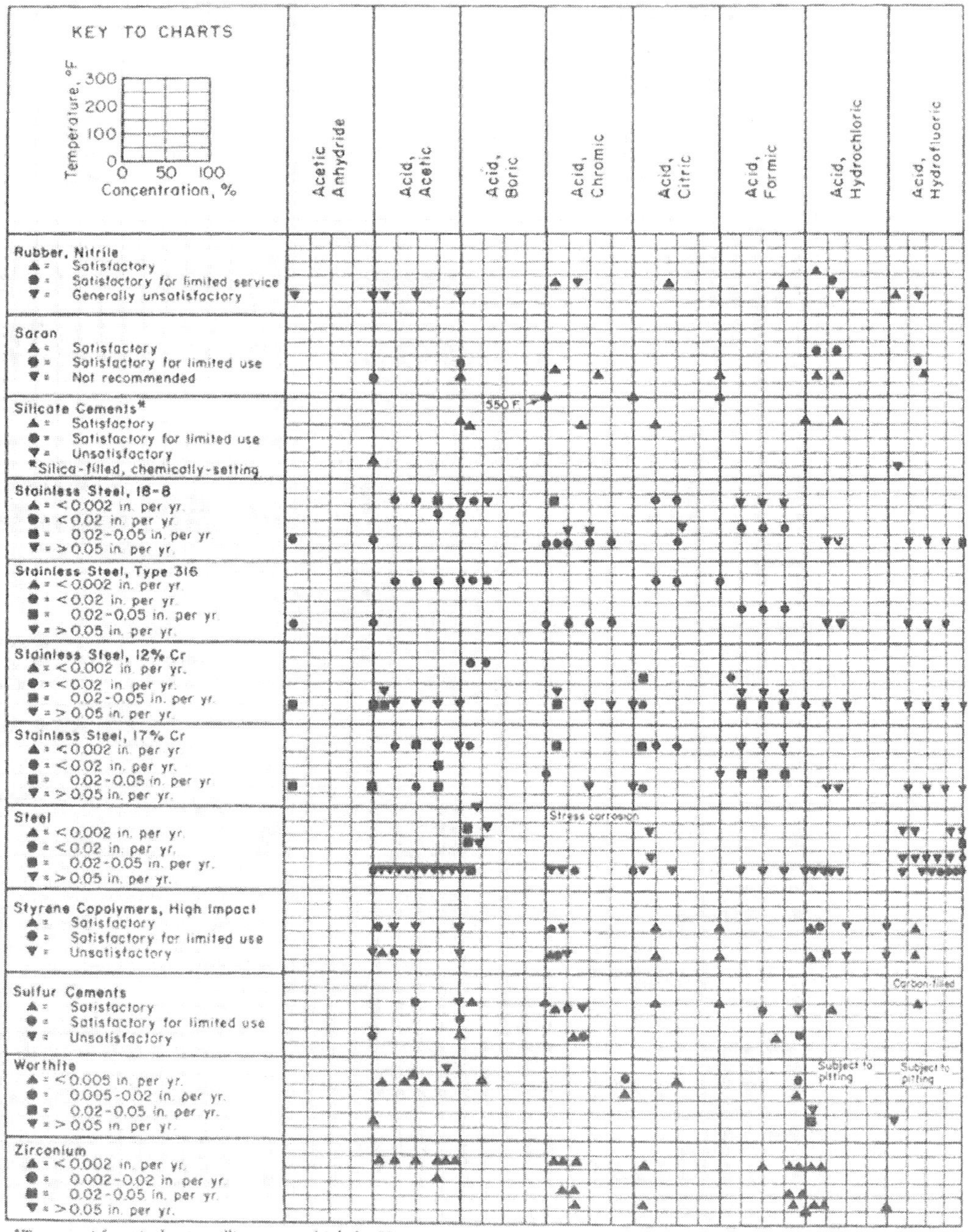

*To convert from inches to millimeters, multiply by 25.4

TABLE 23-2 Detailed Corrosion Data on Construction Materials* *(Continued)*

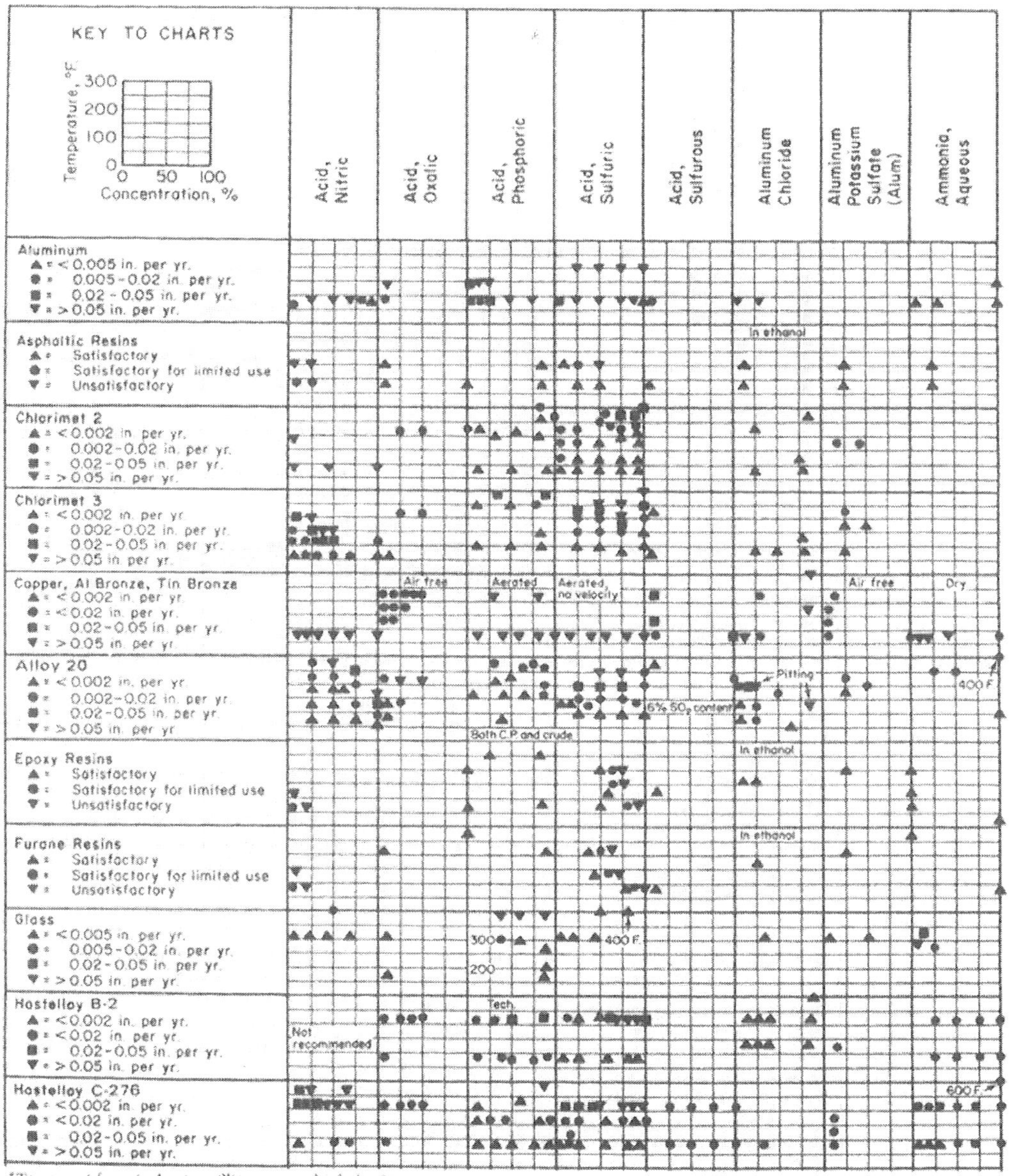

*To convert from inches to millimeters, multiply by 25.4.

TABLE 23-2 Detailed Corrosion Data on Construction Materials* *(Continued)*

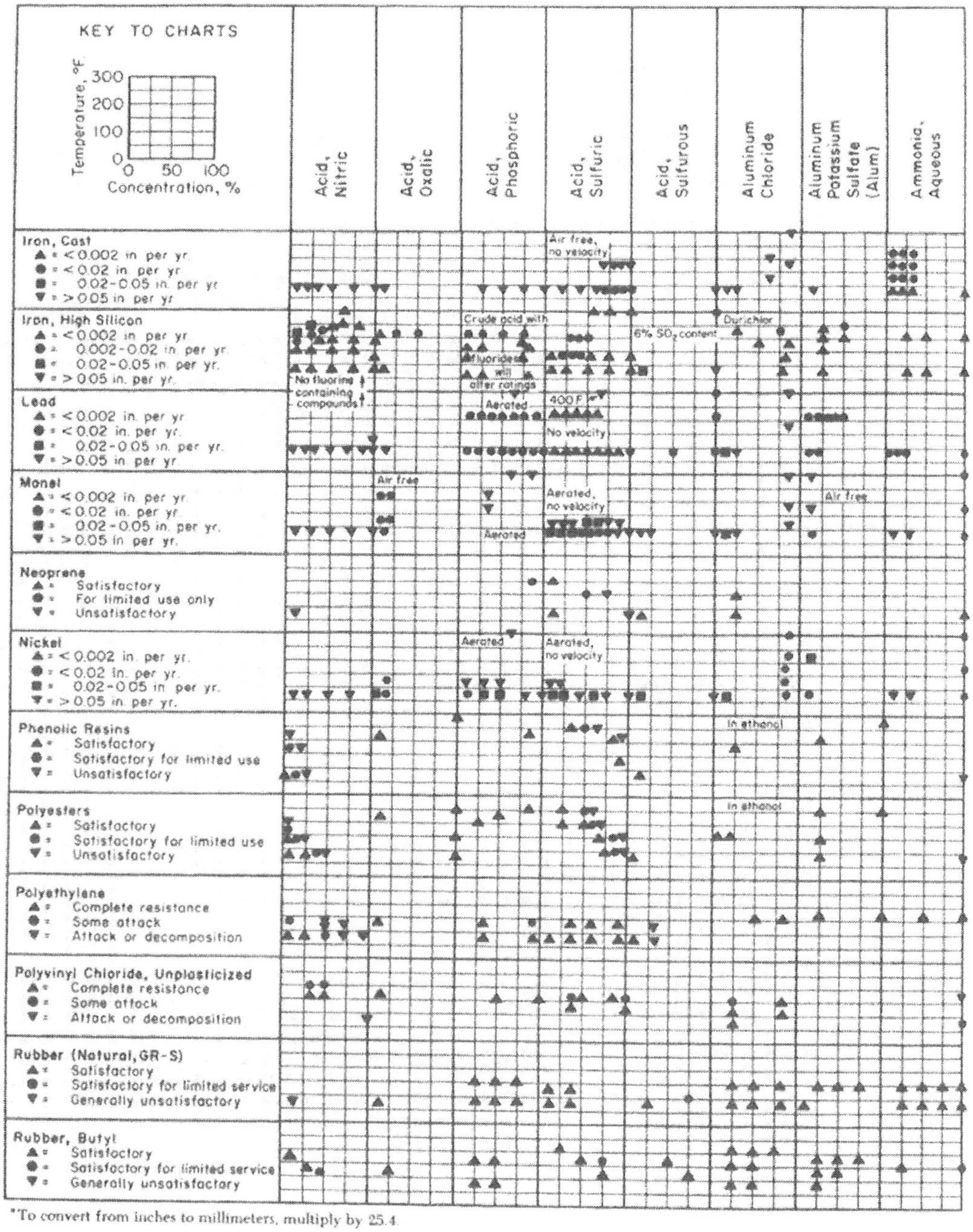

*To convert from inches to millimeters, multiply by 25.4.

TABLE 23-2 Detailed Corrosion Data on Construction Materials* *(Continued)*

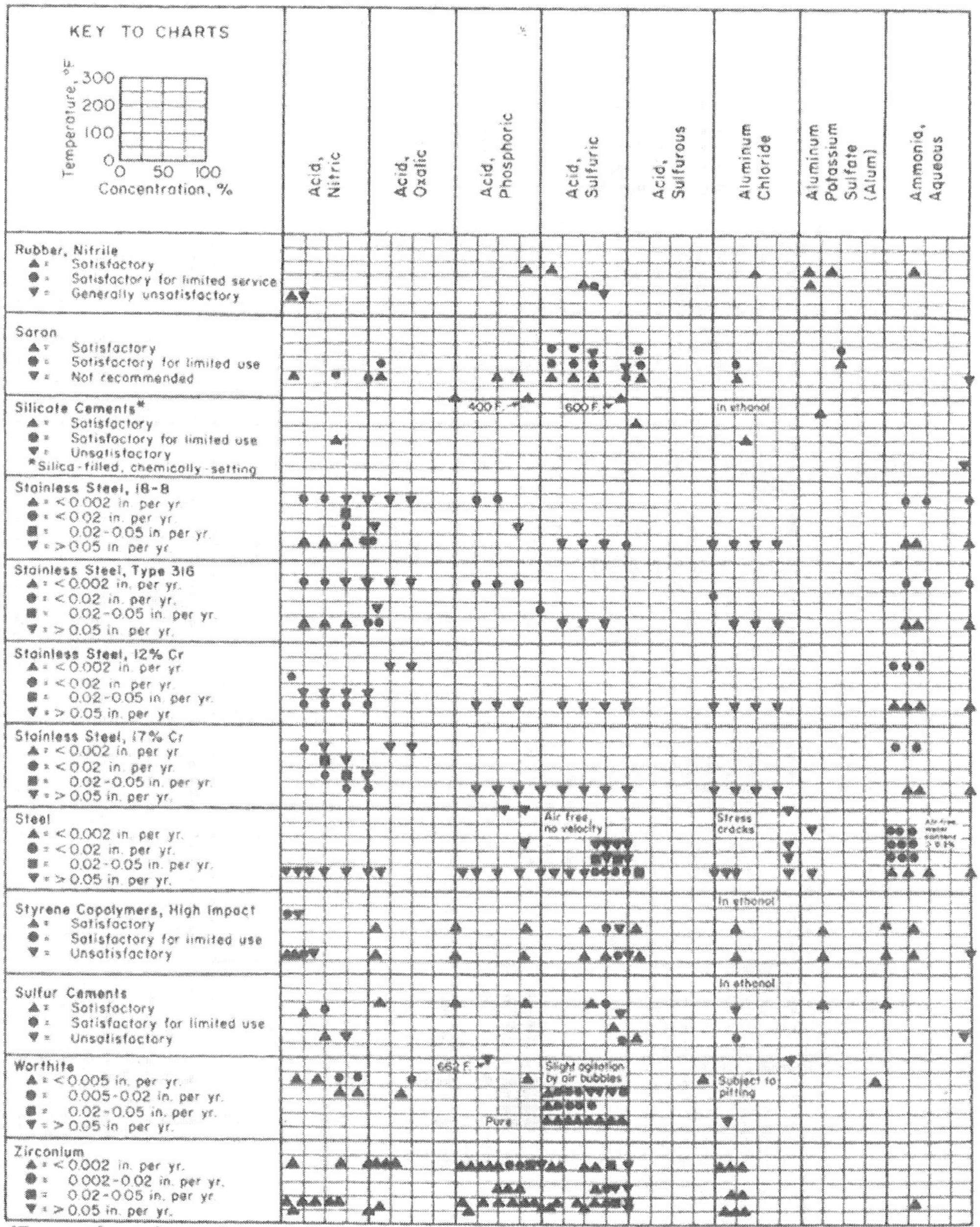

*To convert from inches to millimeters, multiply by 25.4.

TABLE 23-2 Detailed Corrosion Data on Construction Materials* *(Continued)*

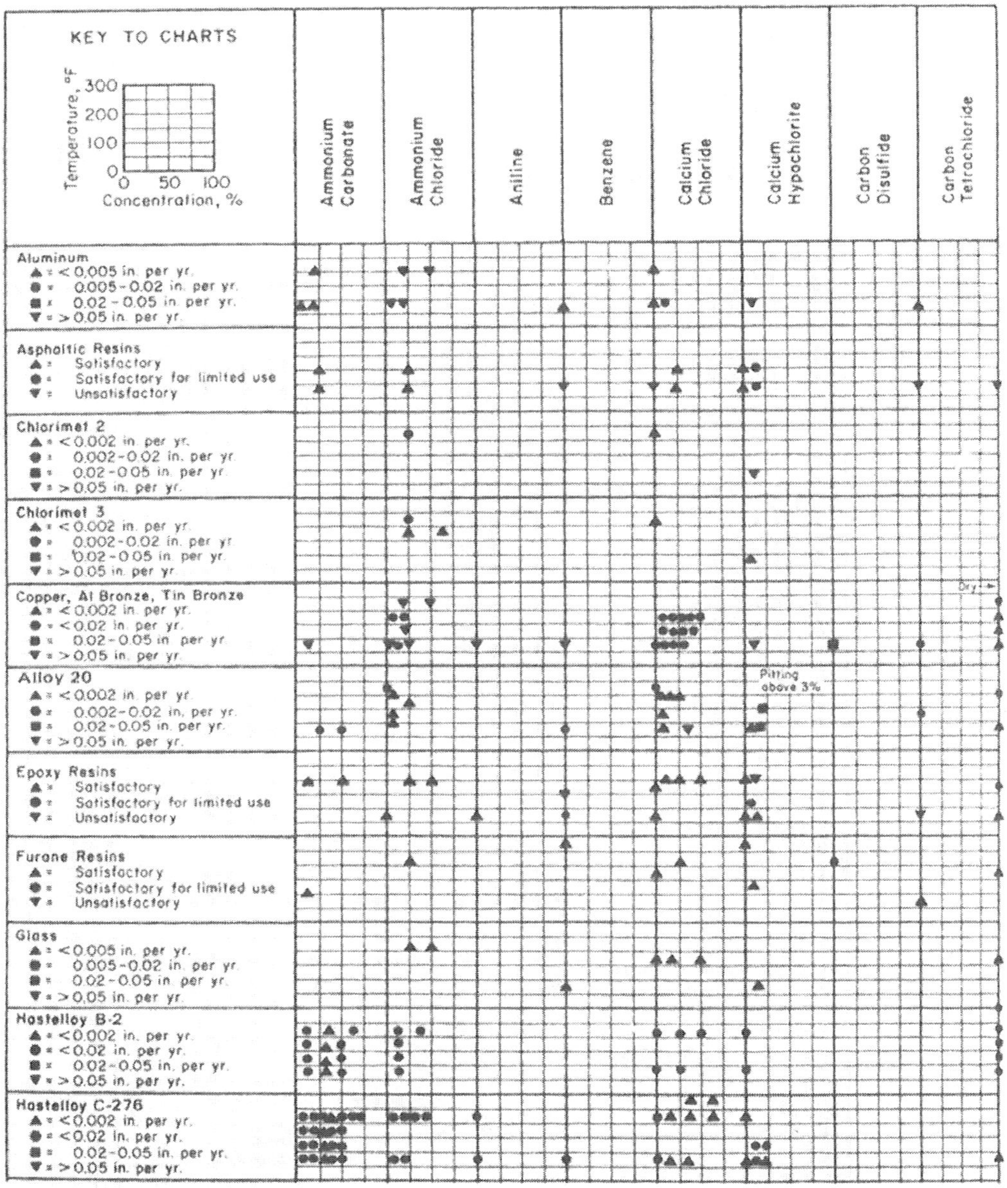

*To convert from inches to millimeters, multiply for 25.4.

TABLE 23-2 Detailed Corrosion Data on Construction Materials* (Continued)

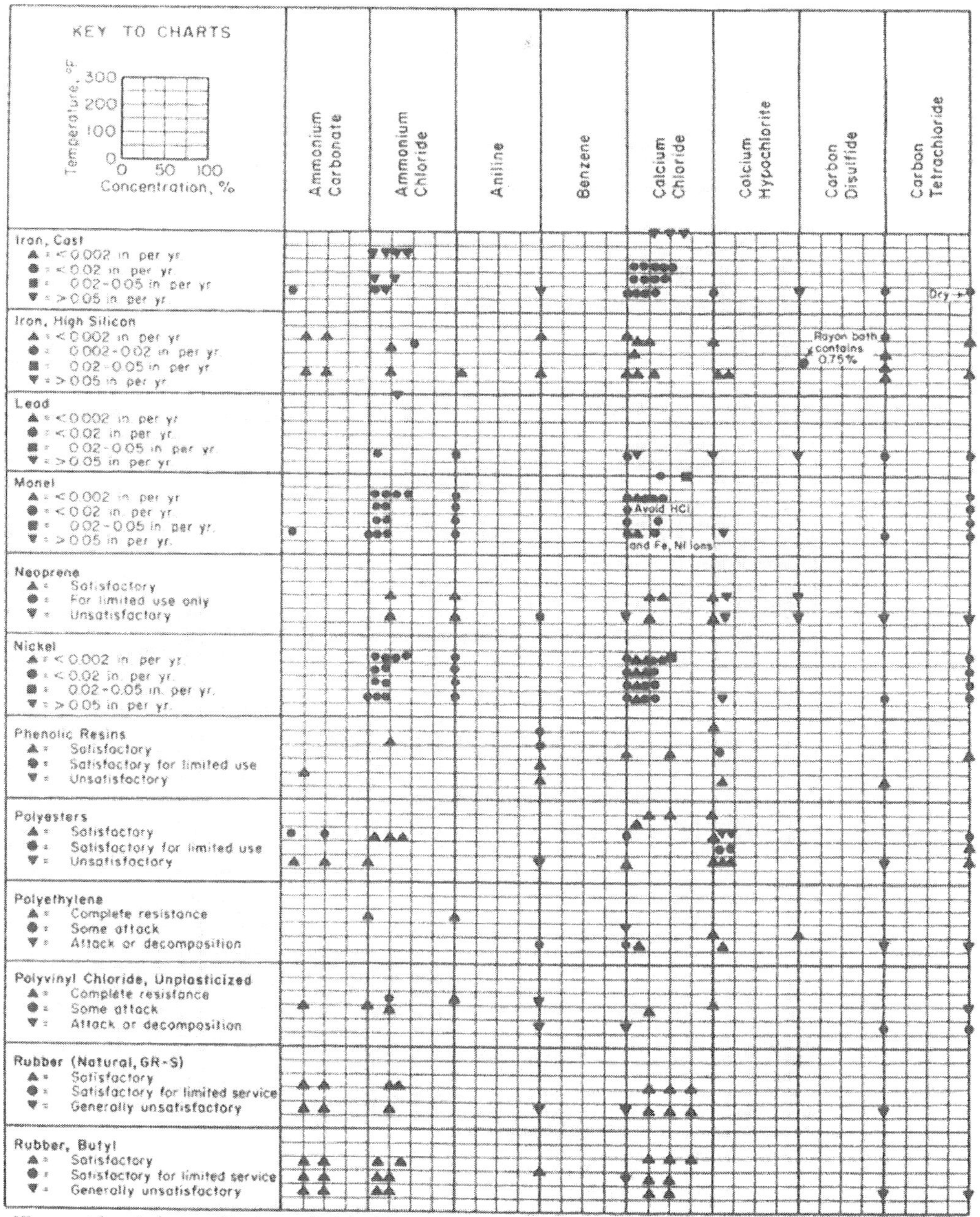

*To convert from inches to millimeters, multiply by 25.4.

TABLE 23-2 Detailed Corrosion Data on Construction Materials* *(Continued)*

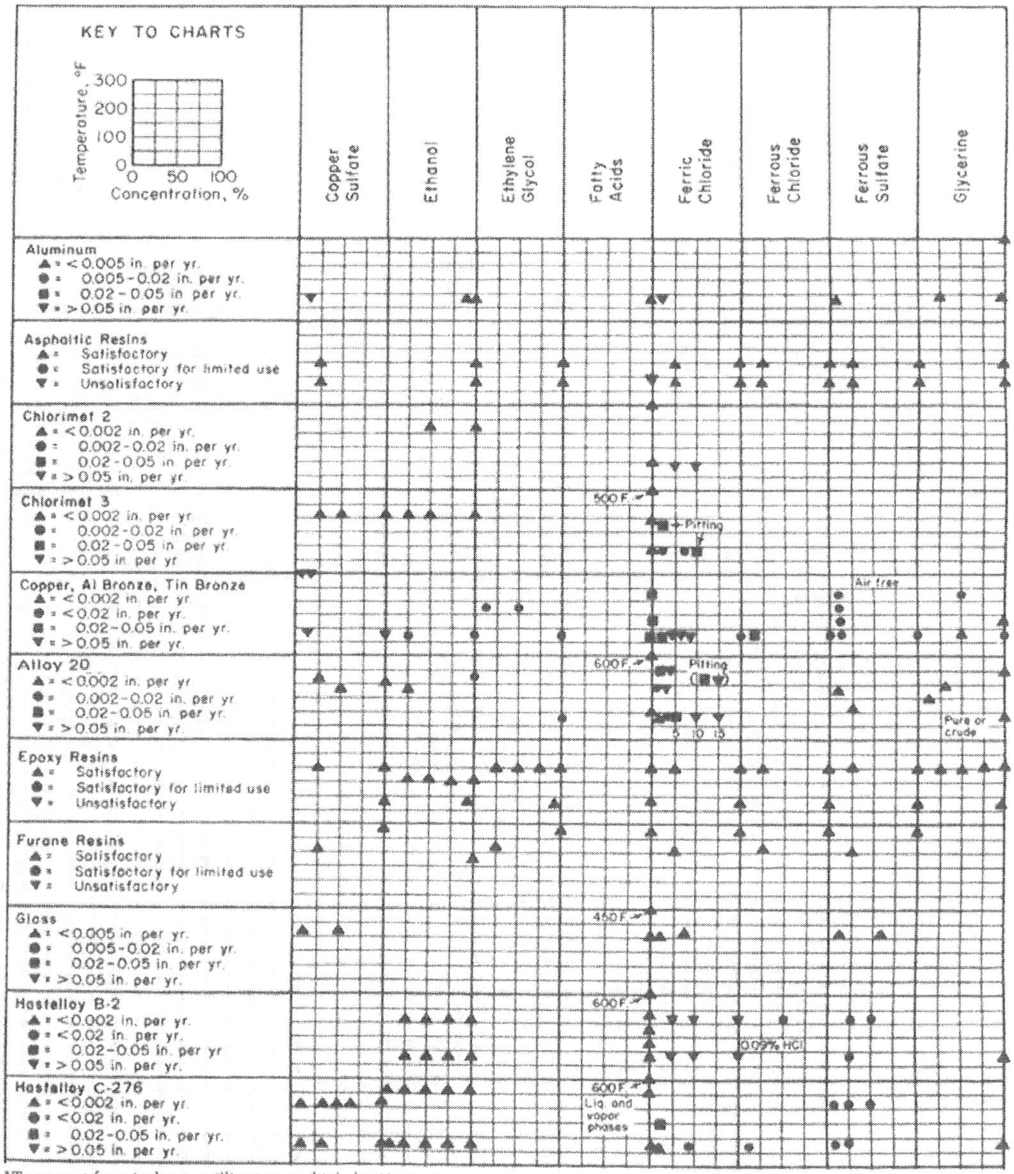

*To convert from inches to millimeters, multiply by 25.4.

TABLE 23-2 Detailed Corrosion Data on Construction Materials* *(Continued)*

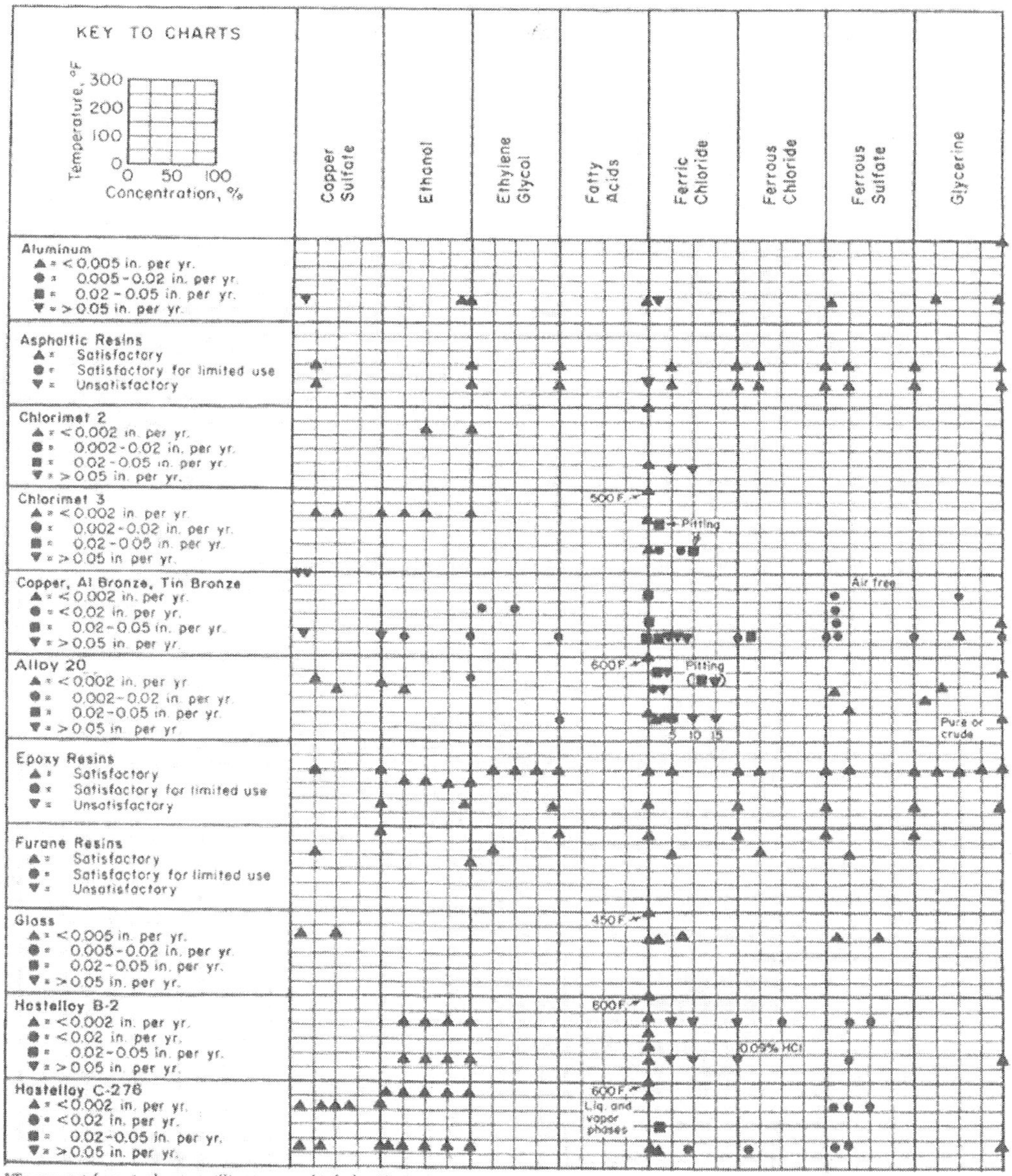

*To convert from inches to millimeters, multiply by 25.4.

TABLE 23-2 Detailed Corrosion Data on Construction Materials* *(Continued)*

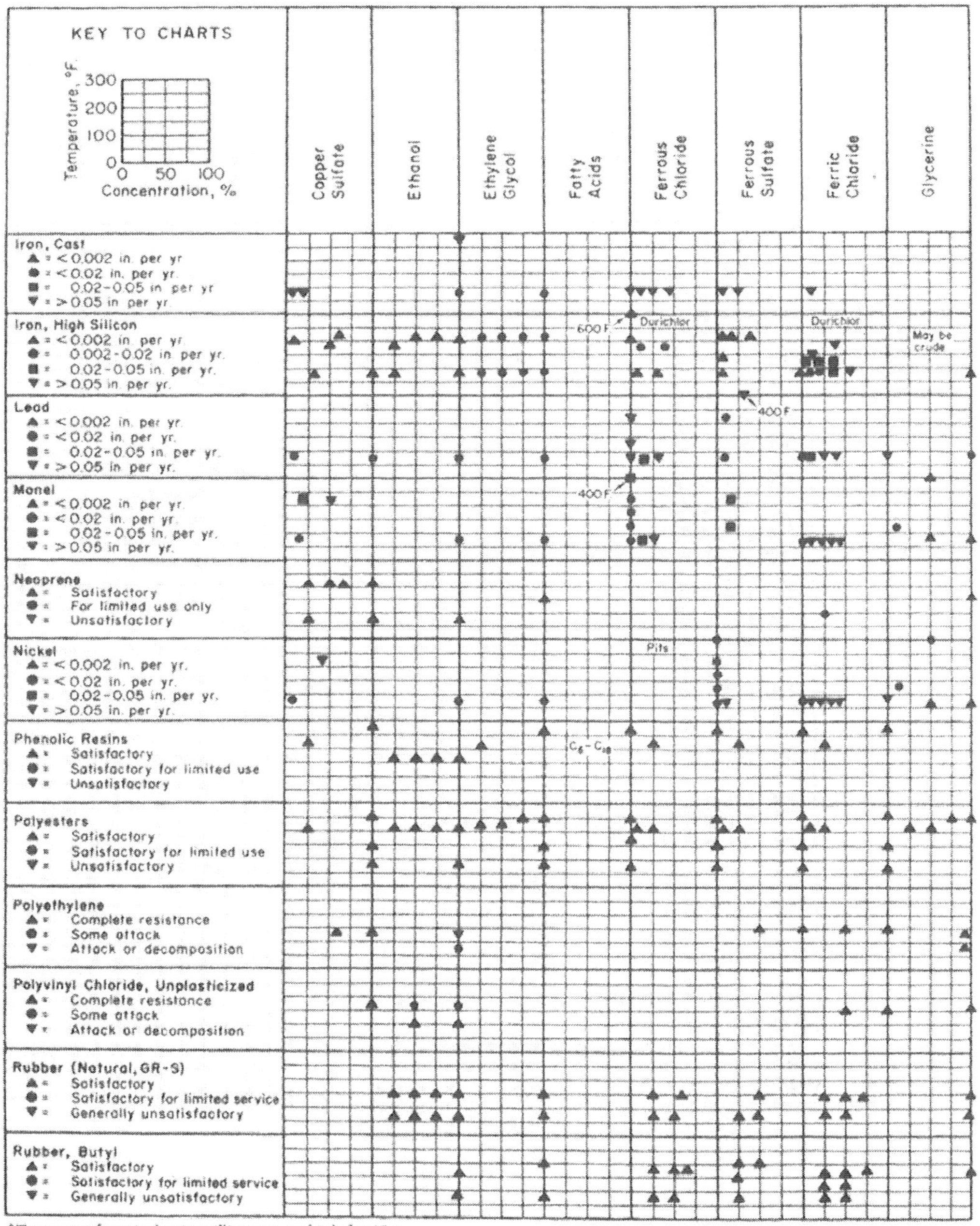

*To convert from inches to millimeters, multiply by 25.4.

TABLE 23-2 Detailed Corrosion Data on Construction Materials* *(Continued)*

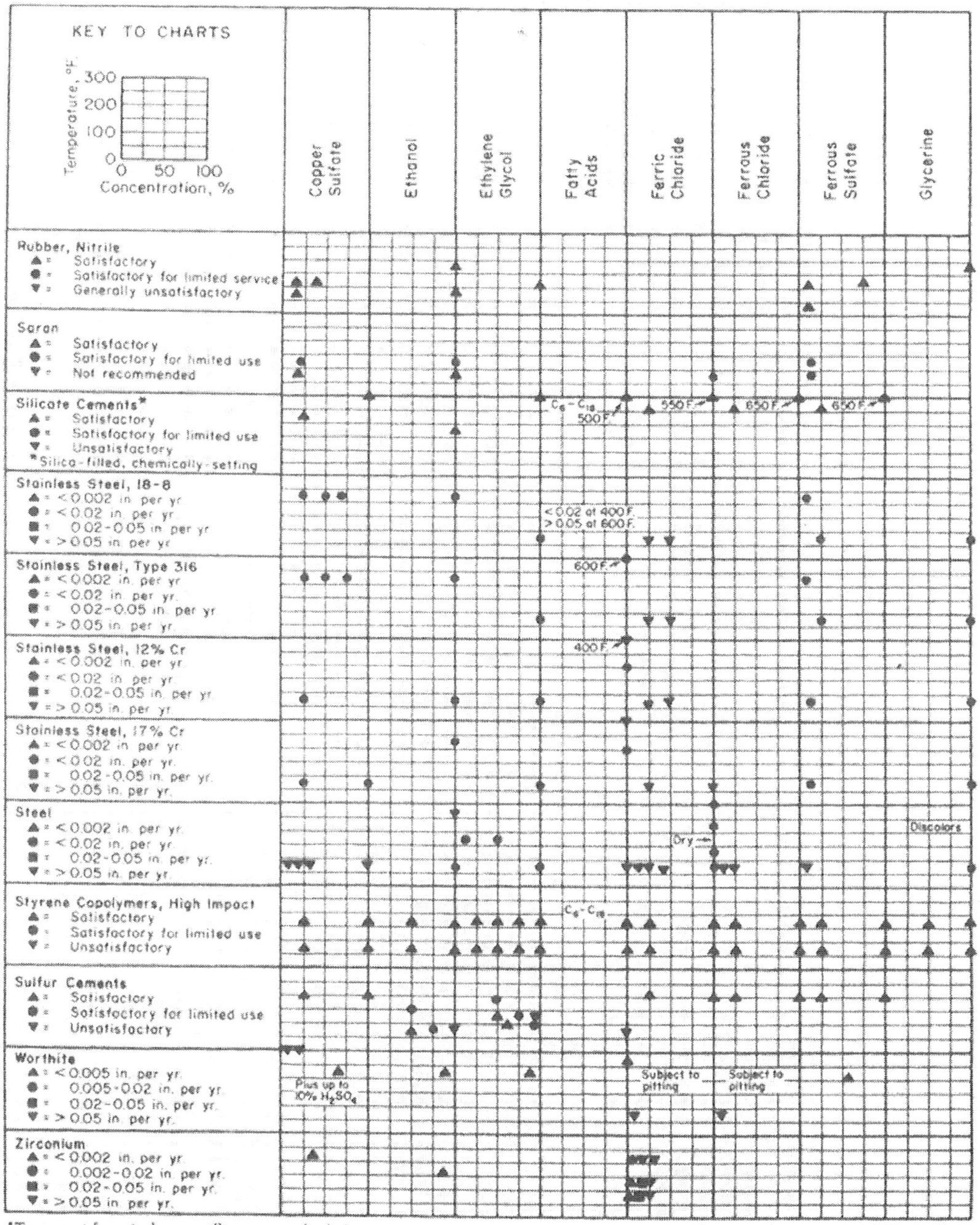

*To convert from inches to millimeters, multiply by 25.4.

TABLE 23-2 Detailed Corrosion Data on Construction Materials* (Continued)

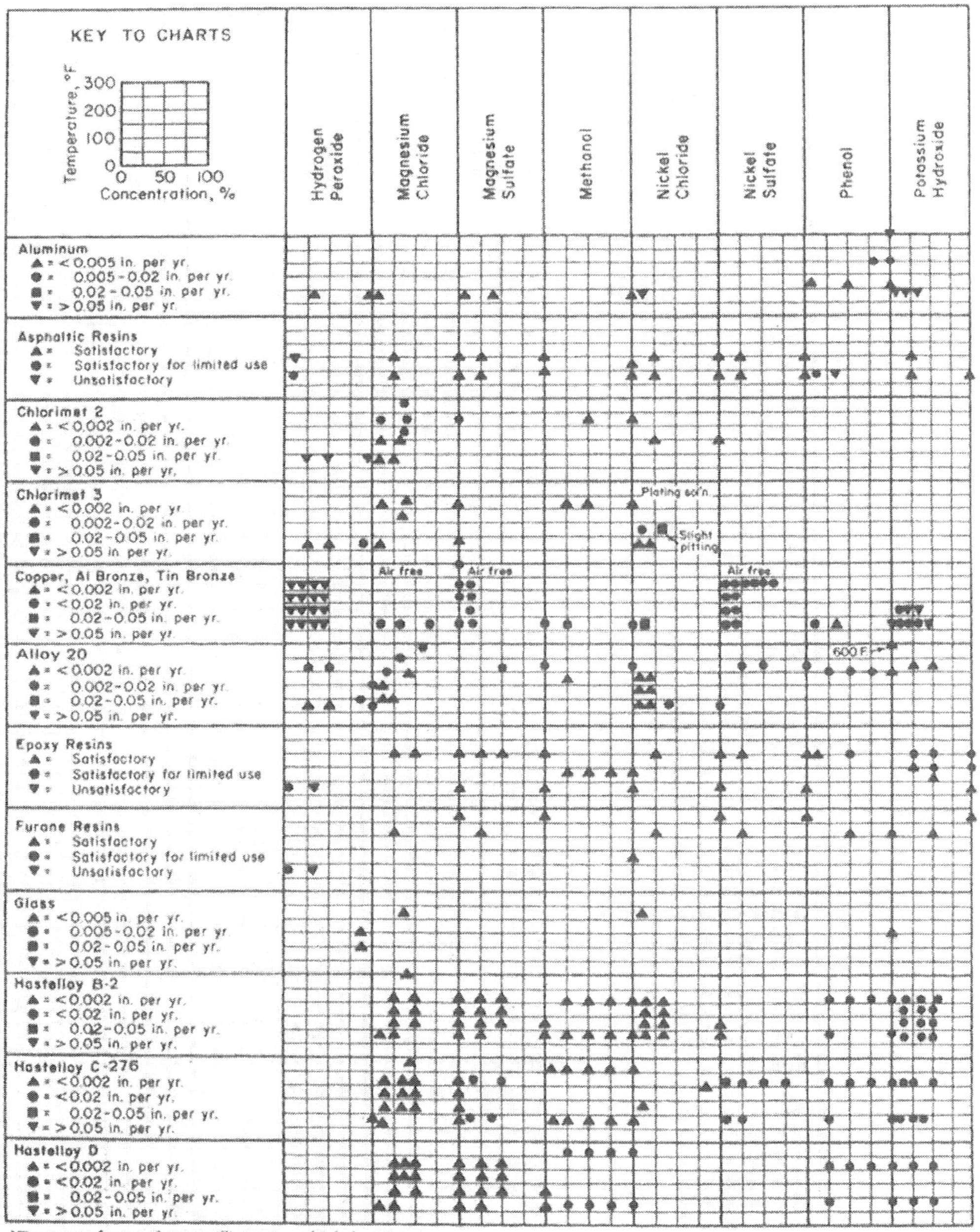

*To convert from inches to millimeters, multiply by 25.4.

TABLE 23-2 Detailed Corrosion Data on Construction Materials* (Continued)

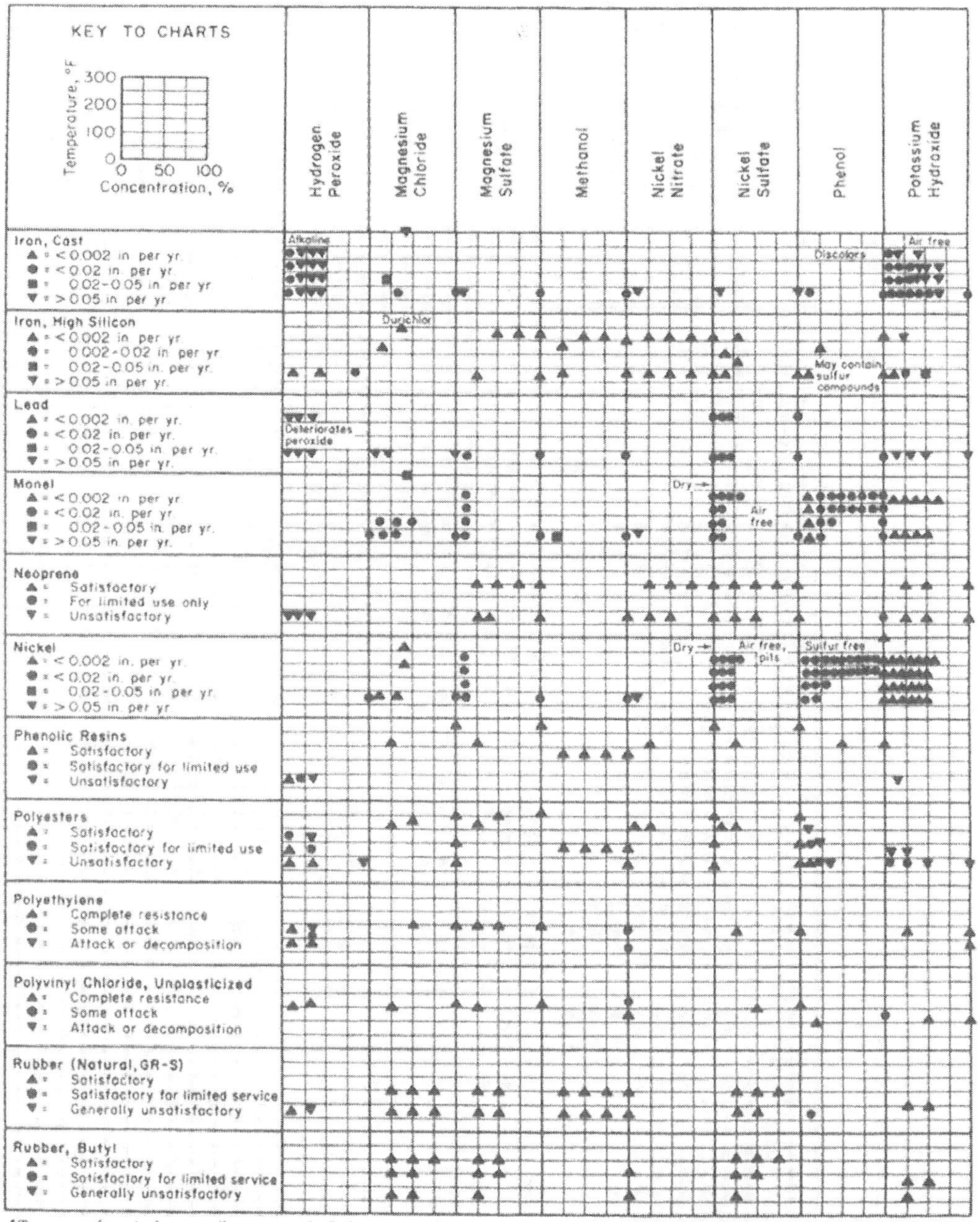

*To convert from inches to millimeters, multiply by 25.4.

TABLE 23-2 Detailed Corrosion Data on Construction Materials* *(Continued)*

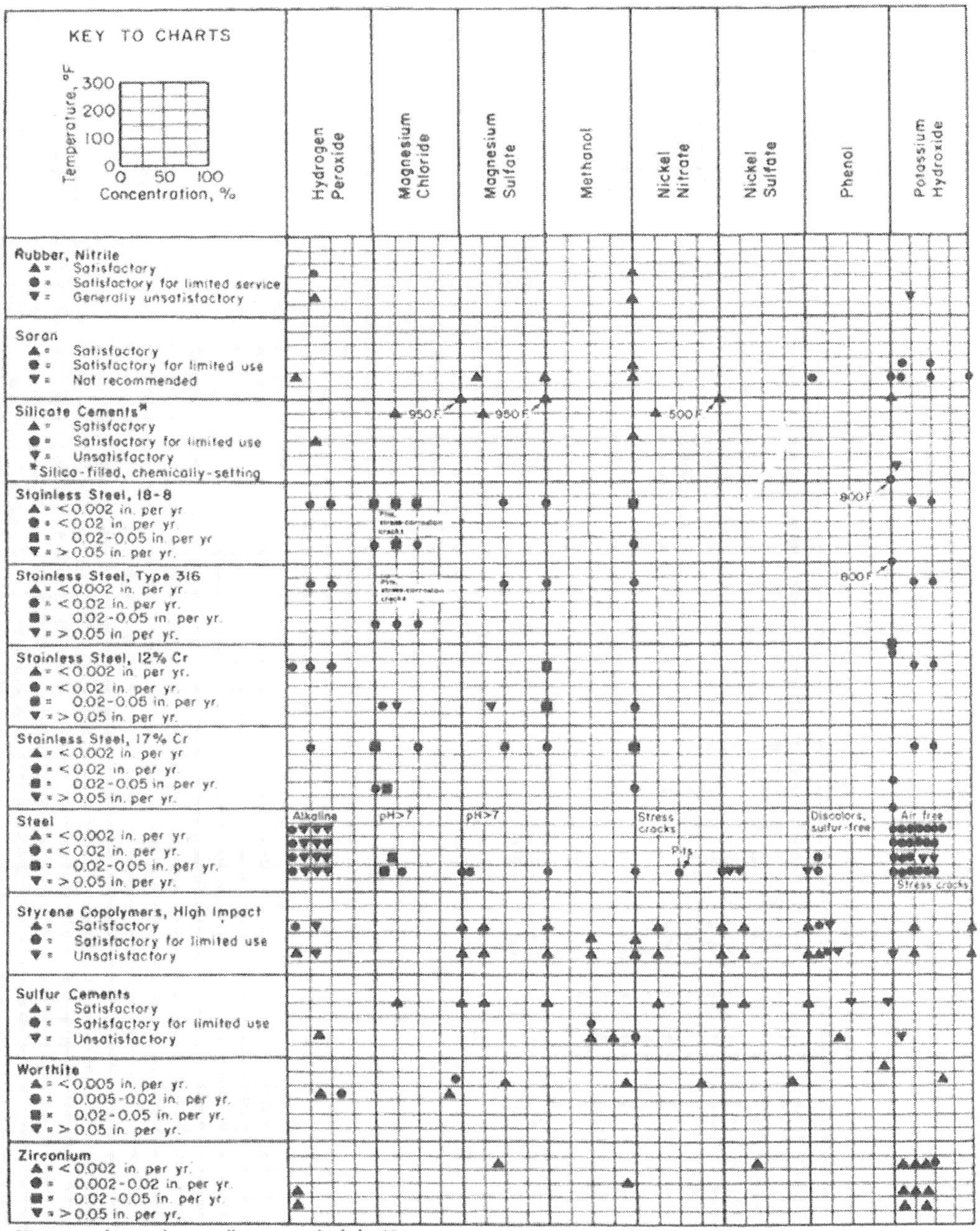

*To convert from inches to millimeters, multiply by 25.4.

TABLE 23-2 Detailed Corrosion Data on Construction Materials* *(Continued)*

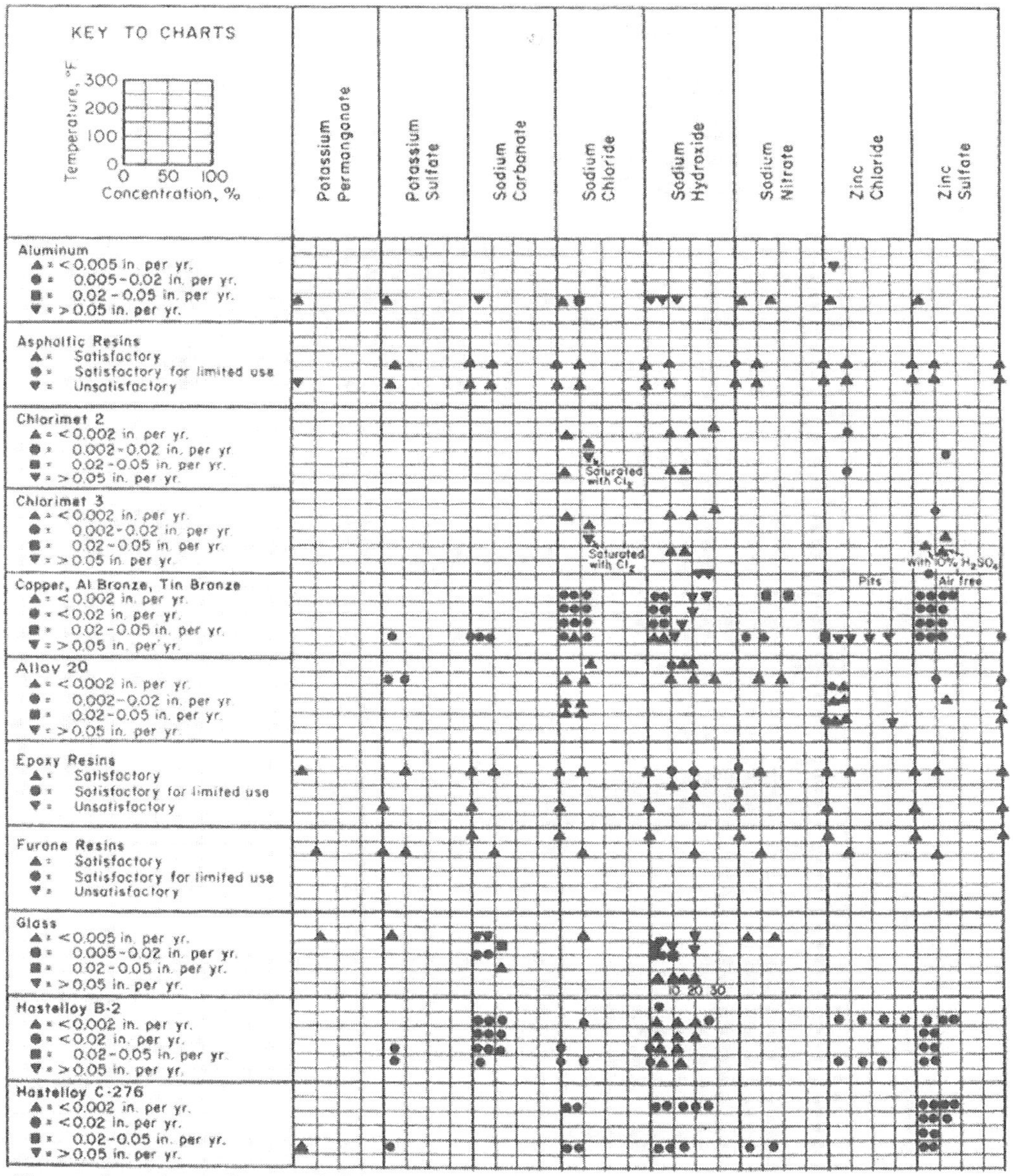

*To convert from inches to millimeters, multiply by 25.4.

TABLE 23-2 Detailed Corrosion Data on Construction Materials* *(Continued)*

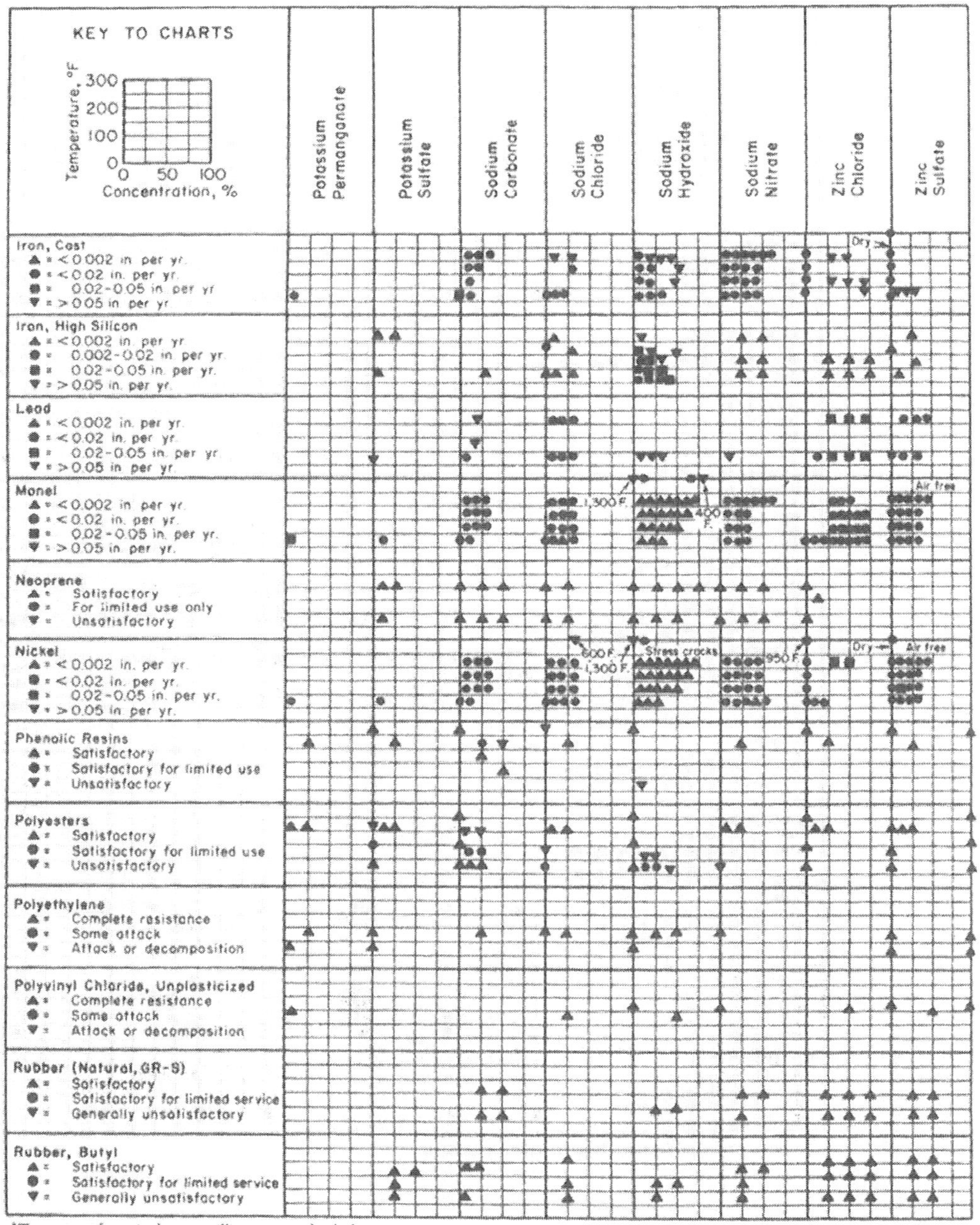

*To convert from inches to millimeters, multiply by 25.4.

TABLE 23-2 Detailed Corrosion Data on Construction Materials* *(Concluded)*

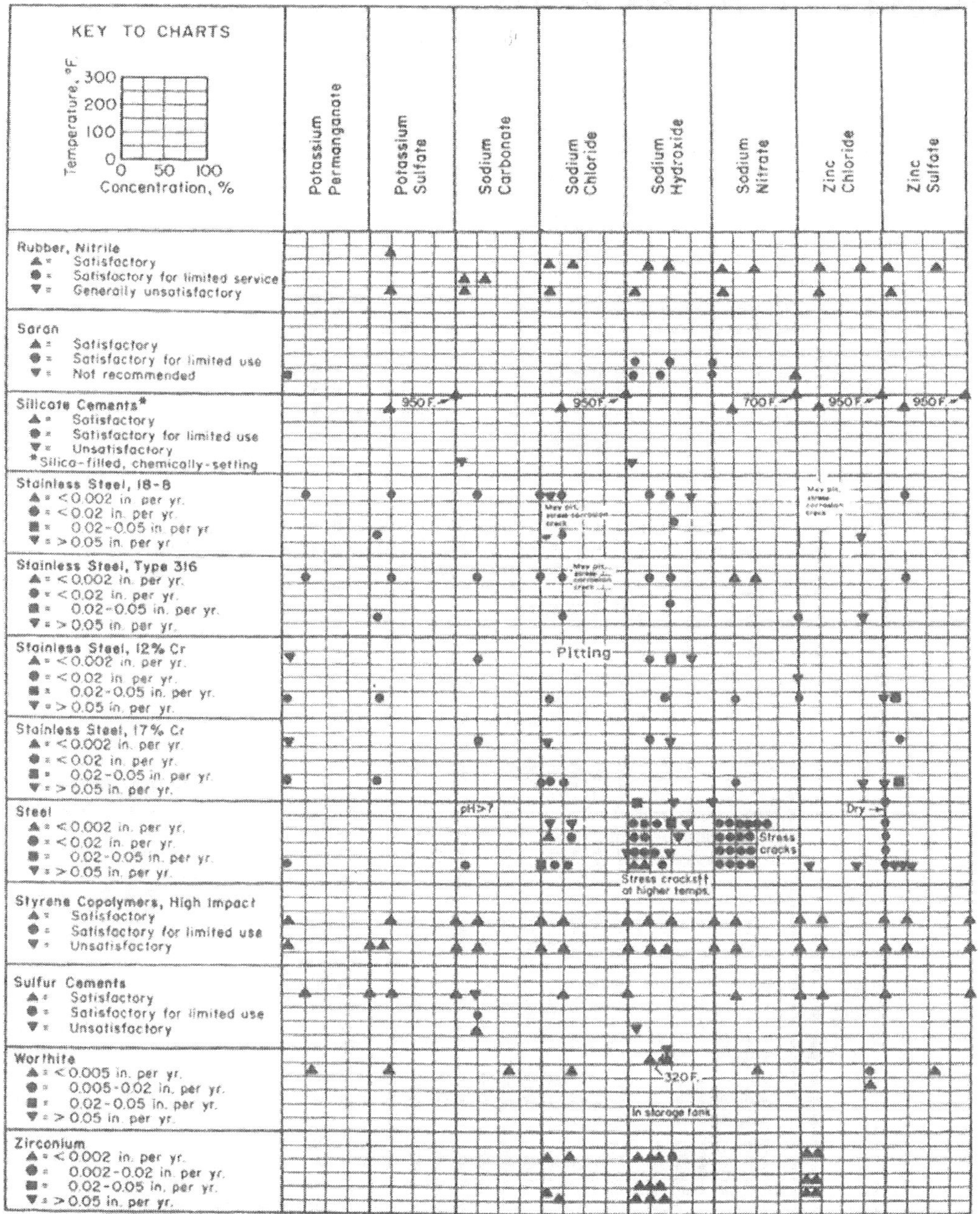

*To convert from inches to millimeters, multiply by 25.4.

SECTION 06 속도와 동압

FROM : V＝4005$\sqrt{VP}$

V＝VELOCITY FPM　　VP＝VELOCITY PRESSURE, INCHES OF WATER

VP	V	VP	V	VP	V	VP	V	VP	V	VP	V
0.01	401	0.52	2888	1.03	4065	1.54	4970	2.05	5734	3.10	7052
0.02	566	0.53	2916	1.04	4084	1.55	4986	2.06	5748	3.20	7164
0.03	694	0.54	2943	1.05	4104	1.56	5002	2.07	5762	3.30	7275
0.04	801	0.55	2970	1.06	4123	1.57	5018	2.08	5776	3.40	7385
0.05	896	0.56	2997	1.07	4143	1.58	5034	2.09	5790	3.50	7493
0.06	981	0.57	3024	1.08	4162	1.59	5050	2.10	5804	3.60	7599
0.07	1060	0.58	3050	1.09	4181	1.60	5066	2.11	5818	3.70	7704
0.08	1133	0.59	3076	1.10	4200	1.61	5092	2.12	5831	3.80	7807
0.09	1202	0.60	3102	1.11	4220	1.62	5098	2.13	5845	3.90	7909
0.10	1266	0.61	3128	1.12	4238	1.63	5113	2.14	5859	4.00	8010
0.11	1328	0.62	3153	1.13	4257	1.64	5129	2.15	5872	4.10	8110
0.12	1387	0.63	3179	1.14	4276	1.65	5145	2.16	5886	4.20	8208
0.13	1444	0.64	3204	1.15	4295	1.66	5160	2.17	5900	4.30	8305
0.14	1499	0.65	3229	1.16	4314	1.67	5176	2.18	5913	4.40	8401
0.15	1551	0.66	3254	1.17	4332	1.68	5191	2.19	5927	4.50	8496
0.16	1602	0.67	3278	1.18	4351	1.69	5207	2.20	5940	4.60	8590
0.17	1651	0.68	3303	1.19	4369	1.70	5222	2.21	5954	4.70	8683
0.18	1699	0.69	3327	1.20	4387	1.71	5237	2.22	5967	4.80	8775
0.19	1746	0.70	3351	1.21	4406	1.72	5253	2.23	5981	4.90	8865
0.20	1791	0.71	3375	1.22	4424	1.73	5268	2.24	5994	5.00	8955
0.21	1835	0.72	3398	1.23	4442	1.74	5283	2.25	6008	5.10	9045
0.22	1879	0.73	3422	1.24	4460	1.75	5298	2.26	6021	5.20	9133
0.23	1921	0.74	3445	1.25	4478	1.76	5313	2.27	6034	5.30	9220
0.24	1962	0.75	3468	1.26	4495	1.77	5328	2.28	6047	5.40	9307
0.25	2003	0.76	3491	1.27	4513	1.78	5343	2.29	6061	5.50	9393
0.26	2042	0.77	3514	1.28	4531	1.79	5358	2.30	6074	5.60	9478
0.27	2081	0.78	3537	1.29	4549	1.80	5373	2.31	6087	5.70	9562
0.28	2119	0.79	3560	1.30	4566	1.81	5388	2.32	6100	5.80	9645
0.29	2157	0.80	3582	1.31	4584	1.82	5403	2.33	6113	5.90	9728
0.30	2194	0.81	3605	1.32	4601	1.83	5418	2.34	6126	6.00	9810
0.31	2230	0.82	3627	1.33	4619	1.84	5433	2.35	6140	6.10	9892
0.32	2266	0.83	3649	1.34	4636	1.85	5447	2.36	6153	6.20	9972
0.33	2301	0.84	3671	1.35	4653	1.86	5462	2.37	6166	6.30	10052
0.34	2335	0.85	3692	1.36	4671	1.87	5477	2.38	6179	6.40	10132
0.35	2369	0.86	3714	1.37	4688	1.88	5491	2.39	6192	6.50	10211
0.36	2403	0.87	3736	1.38	4705	1.89	5506	2.40	6205	6.60	10289
0.37	2436	0.88	3757	1.39	4722	1.90	5521	2.41	6217	6.70	10367
0.38	2469	0.89	3778	1.40	4739	1.91	5535	2.42	6230	6.80	10444
0.39	2501	0.90	3799	1.41	4756	1.92	5550	2.43	6243	6.90	10520
0.40	2533	0.91	3821	1.42	4773	1.93	5564	2.44	6256	7.00	10596
0.41	2564	0.92	3841	1.43	4790	1.94	5578	2.45	6269	7.50	10968
0.42	2596	0.93	3862	1.44	4806	1.95	5593	2.46	6282	8.00	11328
0.43	2626	0.94	3883	1.45	4823	1.96	5607	2.47	6294	8.50	11676
0.44	2657	0.95	3904	1.46	4839	1.97	5621	2.48	6307	9.00	12015
0.45	2687	0.96	3924	1.47	4856	1.98	5636	2.49	6320	9.50	12344
0.46	2716	0.97	3944	1.48	4872	1.99	5650	2.50	6332	10.00	12665
0.47	2746	0.98	3965	1.49	4889	2.00	5664	2.60	6458	11.00	13283
0.48	2775	0.99	3985	1.50	4905	2.01	5678	2.70	6581	12.00	13874
0.49	2804	1.00	4005	1.51	4921	2.02	5692	2.80	6702	13.00	14440
0.50	2832	1.01	4025	1.52	4938	2.03	5706	2.90	6820	13.61	14775
0.51	2860	1.02	4045	1.53	4954	2.04	5720	3.00	6937	14.00	14985

SECTION 07 | 자재별 음향특성

(1) 일반 건축자재별 투과손실

구분 / 재료명	두께 (mm)	면밀도 (kg/㎡)	옥타브밴드 중심주파수(Hz)						평균
			125	250	500	1,000	2,000	4,000	
벽돌	100	–	30	36	37	37	37	43	–
灰로 만든(cinder)블럭(속이 빔)	200	–	33	33	33	39	45	51	–
중간 二孔경석 블럭	100	75.7	8	5	9	14	19	17	11
콘크리트 블럭	100	160	19	24	28	32	36	40	28
콘크리트 블록(輕量, 페인트칠)	150	–	38	36	40	45	50	56	–
경량블럭의 片面에 plaster 바름	100	99.5	31	27	35	36	40	47	37
경량블럭 양면에 plaster 바름	100	1235	32	34	36	39	42	52	37
콘크리트블럭의 양면에 plaster 바름	100	160	33	37	42	49	56	57	43
콘크리트블럭의 양면에 mortar 바름	100	180	31	35	45	52	56	56	44
석면슬레이트 小彼板	6.5	–	15	19	24	26	31	44	23
플렉시블 시트	4	7.1	18	22	23	28	33	36	25
석면슬레이트에 石線小彼板接着	4+6.5	–	18	18	23	33	33	44	25
플렉시블 시트	6	11	19	25	25	31	34	28	27
석면슬레이트판	20	–	24	26	32	28	37	50	29
무기물을 혼입한 섬유질 타일	16	–	30	32	39	43	53	60	–
다공이 있는 섬유 차음판넬	100	–	28	34	40	48	56	62	–
슬레이트에 木毛板積層材	3+9+3	25.6	29	29	31	35	38	37	32
슬레이트에 木毛板접착	3+17	18.4	34	28	28	34	39	33	33
플렉시블 보드＋유리솜＋플렉시블보드	4+22+4	17.6	26	32	32	39	38	37	34
유리블럭 140×140(mm)	95	–	41	35	29	31	30	37	33
유리블럭 210×100(mm)	33	–	33	28	27	33	42	50	33
유리블럭 145×145(mm)	95	67	30	32	38	46	53	39	40
유리블럭 193×193(mm)	95	97	28	27	36	42	31	37	33
판유리	3	7.2	10	18	23	29	32	26	22
판유리	5	13	12	22	26	31	26	32	23

판유리	6	15	11	23	27	31	24	37	23
판유리	8	–	18	25	29	31	51	40	27
鐵板	–	5.9	–	25	21	29	35	–	28
鋼鐵板	–	10	15	19	31	32	35	38	–
鋼鐵板	–	12.5	21	30	34	37	40	47	–
鉛板	–	19.0	–	32	33	32	32	–	32
알루미늄板	–	1.71	–	18	13	18	23	–	18
鐵骨 plaster 2중벽	21	85.9	21	25	32	43	39	58	32
鐵骨 plaster 2중벽 내에 岩線 충진	26	–	26	24	37	47	50	69	37
鐵骨 plaster 이중벽	30	95.7	30	28	35	40	43	53	35
납비닐 커튼	–	7.5	22	23	25	31	35	42	–
딱딱한 나무로 만든 문	670	–	26	33	40	43	48	51	–
합판	6.35	3.5	17	15	20	24	28	27	–
합판	19	10	24	22	27	28	25	27	–

(2) 일반 건축자재의 흡음율

구분 / 재료명	옥타브밴드 중심주파수(Hz)					
	125	250	500	1,000	2,000	4,000
벽돌(결이 거칠지 않음)	0.03	0.03	0.03	0.04	0.05	0.07
벽돌(결이 거칠지 않음, 페인트 칠)	0.01	0.01	0.02	0.02	0.02	0.03
스폰지 고무위에 카페트	0.08	0.24	0.57	0.69	0.71	0.73
콘크리트 위에 카페트	0.02	0.06	0.14	0.37	0.60	0.62
콘크리트 블록(결이 거침)	0.36	0.44	0.31	0.29	0.39	0.25
콘크리트 블록(페인트 칠)	0.10	0.05	0.06	0.07	0.09	0.08
바닥(콘크리트 또는 콘크리트 인조석)	0.01	0.01	0.015	0.02	0.02	0.02
바닥(콘크리트 바닥위에 탄력적인 마루)	0.02	0.03	0.03	0.03	0.03	0.02
바닥(딱딱한 나무)	0.15	0.11	0.10	0.07	0.06	0.07
유리(重板)	0.18	0.06	0.04	0.03	0.02	0.02
유리(표준유리창)	0.35	0.25	0.18	0.12	0.07	0.04
석고보드(13mm)	0.29	0.10	0.05	0.04	0.07	0.09
판넬(fiberglass, 두께 38mm)	0.86	0.91	0.80	0.89	0.62	0.47

판넬(다공질 재료 두께 100mm)	0.70	0.99	0.99	0.99	0.94	0.83
판넬(fiberglass로 절연한 다공질재료 두께 50mm)	0.21	0.87	1.52	1.37	1.34	1.22
판넬(광섬유로 절연한 다공질재료, 100mm)	0.89	1.20	1.16	1.09	1.01	1.03
합판(두께 10mm)	0.28	0.22	0.17	0.09	0.10	0.11
plaster, 석고 또는 석회(거친 연마)	0.02	0.03	0.04	0.05	0.04	0.03
plaster, 석고 또는 석회(잘 연마)	0.02	0.02	0.03	0.04	0.04	0.03
포리우레탄 폼(두께 25.4mm)	0.16	0.25	0.45	0.84	0.97	0.87
타일(천정, 광섬유질)	0.18	0.45	0.81	0.97	0.93	0.82
타일(대리석 또는 인조대리석)	0.01	0.01	0.01	0.01	0.02	0.02
나무(고형, 두께 50mm)	0.01	0.05	0.05	0.04	0.04	0.04
피륙(經)	0.04	–	0.11	–	0.30	–
피륙(重)	0.10	–	0.50	–	0.82	–
모전	0.13	–	0.56	–	0.65	–

(3) 시공방법에 따른 흡음율(공기층 효과)

구분 / 시공방법	옥타브밴드 중심주파수(Hz)					
	125	250	500	1,000	2,000	4,000
glass wool(밀도 25kg/㎥, 두께 25mm) 벽에 밀착 시공	0.06	0.20	0.65	0.90	0.95	0.98
glass wool 보드(100kg/㎥, 25mm) 벽에 밀착 시공	0.03	0.17	0.63	0.87	0.96	0.96
glass wool 보드(100kg/㎥, 25mm) 25mm 공기층	0.04	0.26	0.78	0.99	0.99	0.98
glass wool 보드(100kg/㎥, 25mm) 50mm 공기층	0.17	0.40	0.94	0.99	0.97	0.99
glass wool 판넬(0.6×1.2m, 두께 16mm)을 공기층 40cm 두고 7군데 마운팅	0.40	0.46	0.60	0.99	0.87	0.58

SECTION 08 생활소음 · 진동의 규제기준(제20조제3항 관련) [별표8] 〈개정 2010.6.30〉

(1) 생활소음 규제기준

[단위 : dB(A)]

대상 지역	소음원 \ 시간대별		아침, 저녁 (05:00~07:00, 18:00~22:00)	주간 (07:00~18:00)	야간 (22:00~05:00)
가. 주거지역, 녹지지역, 관리지역 중 취락지구 · 주거개발진흥지구 및 관광 · 휴양개발진흥지구, 자연환경보전지역, 그 밖의 지역에 있는 학교 · 종합병원 · 공공도서관	확성기	옥외설치	60이하	65 이하	60 이하
		옥내에서 옥외로 소음이 나오는 경우	50 이하	55 이하	45 이하
	공장		50 이하	55 이하	45 이하
	사업장	동일 건물	45 이하	50 이하	40 이하
		기타	50 이하	55 이하	45 이하
	공사장		60 이하	65 이하	50 이하
나. 그 밖의 지역	확성기	옥외설치	65 이하	70 이하	60 이하
		옥내에서 옥외로 소음이 나오는 경우	60 이하	65 이하	55 이하
	공장		60 이하	65 이하	55 이하
	사업장	동일 건물	50 이하	55 이하	45 이하
		기타	60 이하	65 이하	55 이하
	공사장		65 이하	70 이하	50 이하

비고

1. 소음의 측정 및 평가기준은 「환경분야 시험 · 검사 등에 관한 법률」 제6조제1항제2호에 해당하는 분야에 따른 환경오염공정시험기준에서 정하는 바에 따른다.
2. 대상 지역의 구분은 「국토의 계획 및 이용에 관한 법률」에 따른다.
3. 규제기준치는 생활소음의 영향이 미치는 대상 지역을 기준으로 하여 적용한다.

4. 공사장 소음규제기준은 주간의 경우 특정공사 사전신고 대상 기계 · 장비를 사용하는 작업시간이 1일 3시간 이하일 때는 +10dB을, 3시간 초과 6시간 이하일 때는 +5dB을 규제기준치에 보정한다.
5. 발파소음의 경우 주간에만 규제기준치(광산의 경우 사업장 규제기준)에 +10dB을 보정한다.
6. 2010년 12월 31일까지는 발파작업 및 브레이커 · 항타기 · 항발기 · 천공기 · 굴삭기(브레이커 작업에 한한다)를 사용하는 공사작업이 있는 공사장에 대하여는 주간에만 규제기준치(발파소음의 경우 비고 제6호에 따라 보정된 규제기준치)에 +3dB을 보정한다.
7. 공사장의 규제기준 중 다음 지역은 공휴일에만 −5dB을 규제기준치에 보정한다.
   가. 주거지역
   나. 「의료법」에 따른 종합병원, 「초 · 중등교육법」 및 「고등교육법」에 따른 학교, 「도서관법」에 따른 공공도서관의 부지경계로부터 직선거리 50m 이내의 지역
8. "동일 건물"이란 「건축법」 제2조에 따른 건축물로서 지붕과 기둥 또는 벽이 일체로 되어 있는 건물을 말하며, 동일 건물에 대한 생활소음 규제기준은 다음 각 목에 해당하는 영업을 행하는 사업장에만 적용한다.
   가. 「체육시설의 설치 · 이용에 관한 법률」 제10조제1항제2호에 따른 체력단련장업, 체육도장업, 무도학원업 및 무도장업
   나. 「학원의 설립 · 운영 및 과외교습에 관한 법률」 제2조에 따른 학원 및 교습소 중 음악교습을 위한 학원 및 교습소
   다. 「식품위생법 시행령」 제21조제8호다목 및 라목에 따른 단란주점영업 및 유흥주점영업
   라. 「음악산업진흥에 관한 법률」 제2조제13호에 따른 노래연습장업
   마. 「다중이용업소 안전관리에 관한 특별법 시행규칙」 제2조제4호에 따른 콜라텍업

(2) 생활진동 규제기준

[단위 : dB(V)]

시간대별 / 대상 지역	주간 (06:00~22:00)	심야 (22:00~06:00)
가. 주거지역, 녹지지역, 관리지역 중 취락지구 · 주거개발진흥지구 및 관광 · 휴양개발진흥지구, 자연환경보전지역, 그 밖의 지역에 소재한 학교 · 종합병원 · 공공도서관	65 이하	60 이하
나. 그 밖의 지역	70 이하	65 이하

비고
1. 진동의 측정 및 평가기준은 「환경분야 시험 · 검사 등에 관한 법률」 제6조제1항제2호에 해당하는 분야에 대한 환경오염공정시험기준에서 정하는 바에 따른다.
2. 대상 지역의 구분은 「국토의 계획 및 이용에 관한 법률」에 따른다.
3. 규제기준치는 생활진동의 영향이 미치는 대상 지역을 기준으로 하여 적용한다.
4. 공사장의 진동 규제기준은 주간의 경우 특정공사 사전신고 대상 기계 · 장비를 사용하는 작업시간이 1일 2시간 이하일 때는 +10dB을, 2시간 초과 4시간 이하일 때는 +5dB을 규제기준치에 보정한다.
5. 발파진동의 경우 주간에만 규제기준치에 +10dB을 보정한다.

■ 찾아보기

▌산업환기기술▐

1판 1쇄 발행 2018년 3월 10일

저　　자 | 최태열 · 이석용 · 송석한 · 남현대 · 박만호 · 김덕수 · 김영성

발 행 인 | 서철종
발 행 처 | 도서출판 지우북스
주　　소 | 경기도 고양시 일산서구 강성로 147 동문시티프라자 814호
전　　화 | 031-915-6670(代)
팩　　스 | 031-915-6671
이 메 일 | jwbooks@nate.com
출판등록 | 2017년 2월 16일 제 410-2017-000032 호

ISBN 979-11-88673-07-0

정가 15,000원